Yo, Matías y la Matemática 4

Directora de la serie
Liliana Kurzrok

Claudia Comparatore
Federico Maloberti
Pierina Lanza
Alejandro Rosetti

Ilustraciones
©Sendra

tintafresca

Yo, Matías y la Matemática 4

primaria

tintafresca

Gerente editorial
Claudio De Simony
Directora editorial
Alina Baruj

Directora de serie
Liliana Kurzrok

Autores
Liliana Kurzrok (coordinadora)
Claudia Comparatore
Federico Maloberti
Pierina Lanza
Alejandro Rosetti

Ilustraciones
Fernando Sendra

Editora
Myriam Ladcani

Correctora
Ariana González Soro

Jefa de arte
Eugenia Escamez
Coordinadores de arte y diseño gráfico
Eugenia Escamez
Diego Lucero
Diagramadoras
Lucía Antonietti
Cecilia Loidi

Jefa de preprensa y fotografía
Andrea Balbi
Selección y retoque de imágenes
Leandro Ramírez

Fotografías
Archivo Clarín
Martín Katz

Asistente editorial
Carolina Pizze

Producción editorial
Gustavo Melgarejo

Hecho el depósito que establece la Ley 11 723.
Libro de edición argentina.
Impreso en la Argentina.
Printed in Argentina.

ISBN 978-987-576-749-2

Yo, Matías y la matemática 4 / Liliana Edith Kurzrok ... [et al.] ; ilustrado por Fernando Sendra. - 1a ed . 6a reimp. - Ciudad Autónoma de Buenos Aires : Tinta Fresca, 2018.
160 p. : il. ; 28 x 21 cm.

ISBN 978-987-576-749-2

1. Matemática. 2. Educación Primaria. 3. Libro de Texto. I. Kurzrok, Liliana Edith II. Sendra, Fernando, ilus.
CDD 372.7

Este libro se terminó de imprimir en el mes de febrero de 2019, en Gráfica Offset, Santa Elena 328, CABA, Argentina.

En español, el género masculino en singular y plural incluye ambos géneros. Esta forma propia de la lengua oculta la mención de lo femenino. Pero, como el uso explícito de ambos géneros dificulta la lectura, los responsables de esta publicación emplean el masculino inclusor en todos los casos.

ÍNDICE

1 Los números naturales

El comienzo de clases

El primer día de clase, los 3 directivos, los 8 maestros y los 70 chicos de séptimo año organizaron una merienda de bienvenida a las 72 familias de primer año del turno mañana y a las 68 del turno tarde. Las maestras calculan que con cada chico de primero asistirán 2 acompañantes.

1 ¿Cuántas personas de primer año asistirán?

Respuesta: ....

2 Los maestros comprarán un alfajor para cada alumno. ¿Cuántos alfajores deben comprar?

Respuesta: ....

3 Cada caja trae 12 alfajores. ¿Cuántas cajas deben comprar para los chicos? ¿Sobran? ¿Cuántos?

Respuesta: ....

4 Cada directivo y cada maestro puso $5 para comprar los alfajores. Si deben pagar $100, ¿sobra o falta dinero? ¿Cúanto?

Respuesta: ....

Las distancias

Los chicos están buscando donde ir de campamento y averiguaron algunas distancias.

1 Escriban en palabras las siguientes distancias.

a. Entre La Quiaca y Ushuaia.

....

b. Entre Bariloche y las Cataratas del Iguazú.

....

1.000 mil
2.000 dos mil
3.000 tres mil
4.000 cuatro mil
5.000 cinco mil
6.000 seis mil
7.000 siete mil
8.000 ocho mil
9.000 nueve mil
10.000 diez mil

2 La distancia entre Ushuaia y Panamá es siete mil ciento setenta y ocho kilómetros. Rodeen el número que representa esa distancia.

71078 71708 700178 7178

3 **a.** Completen la tabla en la que aparecen las distancias entre Ushuaia y distintas ciudades del mundo.

Ciudad	Distancia a Ushuaia	
	en números	en palabras
Río de Janeiro		Cuatro mil ciento dieciocho kilómetros
Lima	4.822 km	
México		Seis mil quinientos ochenta y un kilómetros
Caracas	7.272 km	
Nueva York	10.650 km	
Montreal		Once mil ciento ochenta y un kilómetros
Bogotá		Seis mil seiscientos treinta y seis kilómetros

b. Ordenen las ciudades de la tabla anterior de mayor a menor según su distancia a Ushuaia y escríbanlas en la carpeta.

Lectura y escritura de números grandes.

JUGAR A DECIR ENTRE...

INSTRUCCIONES:

- Por turnos, cada jugador dice un número y los otros tienen que escribir dos números entre los que se encuentra.
- El primero que escribe bien los dos números anota un punto.
- Gana el primero en llegar a 5.

- Por ejemplo:

MATERIALES:

- Papel y lápiz

DESPUÉS DE JUGAR

Los números están formados por cifras. Por ejemplo, 7.435 está formado por cuatro cifras, el 21.345 por cinco cifras y 123.452 por seis cifras. Cada cifra toma un valor distinto, de acuerdo donde esté ubicada. Por ejemplo, el 3 de 21.345 representa 300 y el 3 de 123.452 representa 3.000. Es decir, que para que cambie el 3 del primer número hay que sumar o restar de a 100 y en el segundo caso de a 1.000.
El punto que se escribe cada 3 cifras ayuda a leer los números, por ejemplo 2.345.732.

1 ¿Qué números propondrían en estas jugadas?

a. .... 6.542 .... **b.** .... 3.050 ....

c. .... 4.206 .... **d.** .... 3.500 ....

2 En cada caso, escriban qué número podría haber dicho el primer jugador si los chicos escribieron estos números.

a. 5.000 y 9.000 .... **b.** 3.500 y 3.000 ....

c. 3.800 y 3.850 .... **d.** 7.500 y 8.500 ....

3 Completen estos números para que estén entre 6.700 y 7.600. Expliquen cómo lo hicieron.

a.	b.	c.	d.	e.	f.	g.
.....900	6..... 0	599	6.....99	67.....1	7.....99	75.....9

REVISEMOS LOS PROBLEMAS

- ¿Todos contestaron igual la actividad **3**?
- ¿Hay más de una forma de contestar?

Hacer cálculos más fácilmente

1 Completen esta tabla de sumas y restas.

Número – 1.000	Número – 100	Número	Número + 100	Número + 1.000
6.542		7.542		
	8.800			
			4.420	
				9.520

2 Completen las cuentas.

a. 8.583 – .... = 8.503 **b.** 5.776 – .... = 5.076 **c.** 5.776 – .... = 5.706

d. 7.486 + ... = 7.506 **e.** 8.776 + ... = 9.076 **f.** 3.776 + ... = 4.006

PENSEMOS ENTRE TODOS

- ¿Por qué resulta fácil sumar o restar 10, 100 o 1.000?
- Cuando la cifra que está en rojo se convierte en cero, ¿se modifica alguna otra cifra? ¿Por qué sucede esto?

3 Completen estos cálculos.

a. 450 + ... = 1.000 **b.** 1.950+ .... =3.000 **c.** 1.590 + ... = 2.000

d. .... + 350 = 2.000 **e.** .... + 758 = 1.000 **f.** 2.658 – .... = 600

g. 2.658 – .... = 2.008 **h.** 1.994 – .... = 904 **i.** .... – 852 = 1.000

j. .... – 752 = 1.010 **k.** 2.387 – .... = 1.387 **l.** .... – 1.290 = 1.090

Jugar al sapo

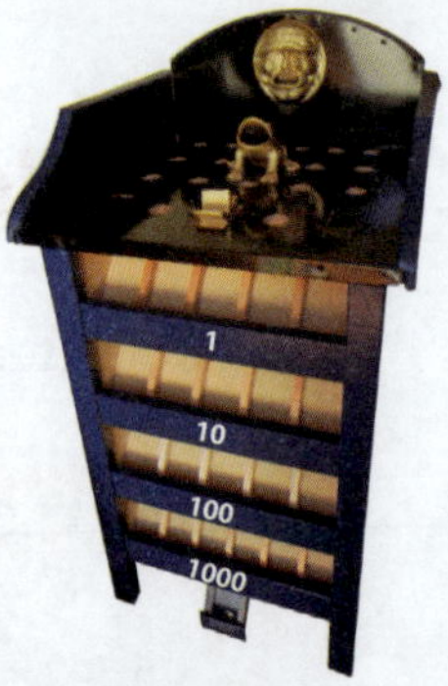

El sapo es un juego en el que cada jugador tira piedritas e intenta embocar en los agujeros. Luego, suman el puntaje obtenido.

1 En la primera partida los chicos juegan con 6 piedritas. Completen la tabla.

Nombre	1.000	100	10	1	Puntaje
Matías	1	3	1	1	
Tatiana	1	2	2	1	
Lazlo					5.010
Juan					2.130

2 **a.** En la segunda partida Lazlo embocó 4 piedritas en el 1.000 y 4 en el 1. Lean lo que hizo para calcular su puntaje.

$4 \times 1.000 + 4 \times 1 = 4.004$

b. Escriban un cálculo similar al de Lazlo para calcular el puntaje de Juan.

....= 1.203

3 En la tercera partida los chicos juegan con 10 piedritas.

a. Tatiana sacó 6.010 puntos con 10 piedritas. Matías ya embocó 3 en el 1.000, 1 en el 100, 3 en el 1. ¿Aún puede ganarle a Tatiana? ¿Cuál es el mayor puntaje que puede obtener?

....

Estas multiplicaciones son fáciles.
$2 \times 10 = 20$,
$2 \times 100 = 200$ y
$2 \times 1.000 = 2.000$,
$15 \times 100 = 1.500$.

b. Lazlo embocó las 10 piedritas y su puntaje es 1.000. ¿Cómo es posible? ¿Dónde embocó Lazlo?

....

REVISEMOS LOS PROBLEMAS

- ¿Qué significa en el juego que haya un cero en el número que se obtiene como puntaje?
- ¿Qué pasa cuando se embocan 10 piedritas en el mismo casillero?
- ¿Es lo mismo que entren 10 piedritas en el 100 que una en el 1.000? ¿Por qué?

LA CALCULADORA

Las cifras en la calculadora

1 Usen solamente las teclas 1, 0, +, − e =. Anoten qué cálculo tienen que hacer con la calculadora para obtener los resultados.

Número	Cálculo propuesto	Resultado
1.984		1.904
9.750		6.750
6.542		6.572
3.532		3.832
3.532		3.232

2 En la calculadora de Matías cuando aprieta 1, 0, ×, 1, 0 y = aparece 100. Si Matías vuelve a apretar = aparece 1000.

a. ¿Qué cuenta hace la calculadora de Matías la segunda vez que aprieta =?

....

b. ¿Cuántas veces deberá apretar = para que aparezca 1000000?

....

3 En la calculadora de Tatiana cuando aprieta 8, ×, 1, 0 y = aparece 80. Si Tatiana vuelve a apretar = aparece 800.

a. ¿Qué cuenta hace la calculadora de Tatiana la segunda vez que aprieta =?

....

b. ¿Cuántas veces deberá apretar = para que aparezca 800000?

....

4 Escriban una regla para multiplicar por 10, por 100, por 1.000, etcétera.

....

....

valor posicional de las cifras.

CARTAS, NÚMEROS Y ORDEN

INSTRUCCIONES:

- En cada ronda se mezcla el mazo y se reparten 5 cartas a cada jugador y cada uno tiene que escribir en el papel el número más grande posible que se puede armar con ellos.
- Se revisan luego los números escritos por cada jugador. El que escribió el número correcto y más grande de todos se anota 10 puntos. El que se equivoca, porque no armó el número más grande con sus cartas, se resta 5 puntos.
- Gana el que obtiene más puntos luego de 5 rondas.

MATERIALES:

- Armar un mazo de 50 cartas. 5 cartas con cada una de estos números

0 1 2 3 4
5 6 7 8 9

- Papel y lápiz

DESPUÉS DE JUGAR

1 Los chicos jugaban con las cartas. Completen la tabla con las jugadas de los chicos.

Jugador	Cartas que sacó	Número que formó	
		en símbolos	en palabras
Federico	☐ ☐ ☐ ☐ ☐	52.100	
Andrés	0 2 4 0 2		
Alan	☐ ☐ ☐ ☐ ☐		Noventa y dos mil doscientos uno
Pedro	5 3 5 9 1		

2 ¿Cuál es el mayor número que se puede armar con 5 cartas? ¿Y el menor?

Mayor ....

Menor ....

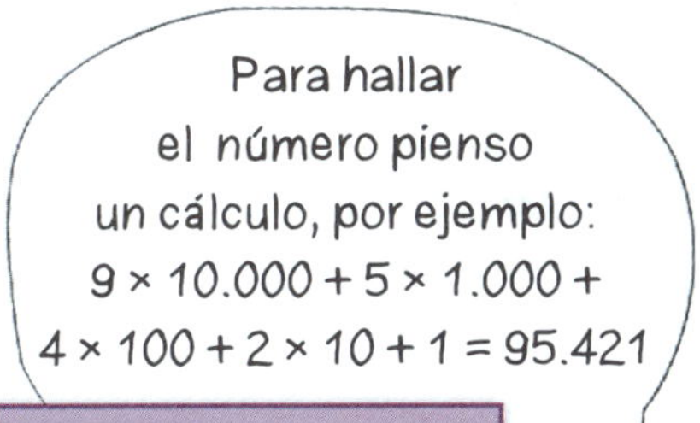

3 Para que les resulte más fácil armar el número, los chicos usan esta tabla en la que escriben por qué número van a multiplicar cada carta. Completen la tabla.

Cartas	× 10.000	× 1.000	× 100	× 10	× 1	Número que se obtiene
4 5 2 7 9	9	7	5	4	2	
☐☐☐☐☐						98.843

4 En una ronda los chicos agregan estas tarjetas y estas instrucciones al juego.

Entre 0 y 24.999	Entre 25.000 y 49.999
Entre 50.000 y 74.999	Entre 75.000 y 99.999

- En cada ronda, además de las cartas, cada jugador extrae una tarjeta.
- Debe armar el número más grande posible que verifique lo que pide la tarjeta.

Completen la tabla considerando la tarjeta que sacó cada chico.

Jugador	Tarjeta	Cartas que sacó	Número que armó
Federico	Entre 25.000 y 49.999	☐☐☐☐☐	25.100
Andrés	Entre 0 y 24.999	0 2 4 0 2	
Pedro	Entre 50.000 y 74.999	☐☐☐☐☐	59.871

5 Completen estos cálculos.

a. .... × 10.000 + ... × 1.000 + ... × 100 + ... × 10 + ... = 12.123

b. 1 × 10.000 + 1 × 1.000 + 0 × 100 + 1 × 10 + 5 = ...

c. 2 × 10.000 + 1 × 1.000 + ... × 100 + 2 × 10 + ... = ... 1 2

Una tabla de números

1 Completen los lugares vacíos de esta tabla.

70.000	70.100	70.200	70.300		70.500
70.600	70.700		70.900	71.000	71.100
71.200		71.400	71.500		71.700
71.800	71.900	72.000		72.200	72.300
	72.500		72.700	72.800	72.900
73.000		73.200	73.300	73.400	73.500
73.600	73.700	73.800	73.900	74.000	
	74.300	74.400	74.500	74.600	

PENSEMOS ENTRE TODOS

- ¿Qué tuvieron en cuenta para completar cada casillero?
- ¿Sirve mirar el primero de cada columna para hacerlo? ¿Por qué?
- ¿Qué cuenta hay que hacer para pasar de un casillero al que está a la derecha? ¿Y para el que está a la izquierda?
- ¿Qué cuenta hay que hacer para pasar de un casillero al que está debajo? ¿Y para el que está arriba?

2 Matías juega en la tabla de números. Se para en el 70.700, se mueve 3 casilleros a la derecha y baja 2.

a. ¿A qué número llega?

....

b. ¿Qué cuenta pueden hacer para encontrar a qué número llega?

....

3 Escriban las instrucciones de dos recorridos para ir del 73.200 al 74.300.

....

....

Ubicar en orden

1 **a.** Ubiquen el 200 y el 400 en esta recta numérica.

b. Ubiquen el 20.000 y el 60.000 en esta recta numérica.

c. Ubiquen el 3.000 en esta recta numérica.

*En una **recta numérica** se pueden ubicar todos los números. Para hacerlo hay que respetar una escala. Es decir, entre el 0 y el 10 hay 3 cm, entonces entre el 10 y el 20 también debe haber 3 cm.*

2 Escriban los números que faltan en estas rectas numéricas.

a.

b.

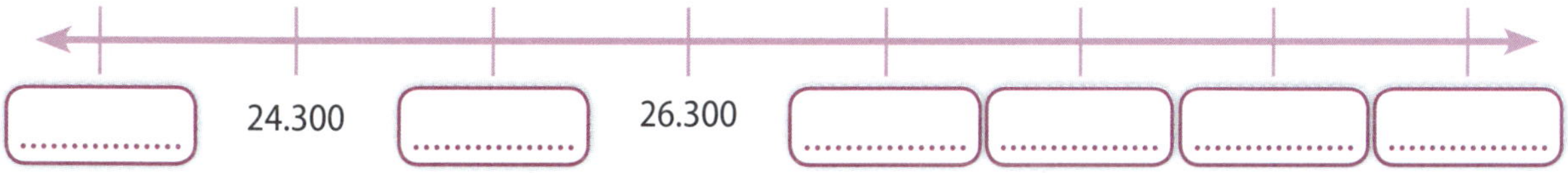

c.

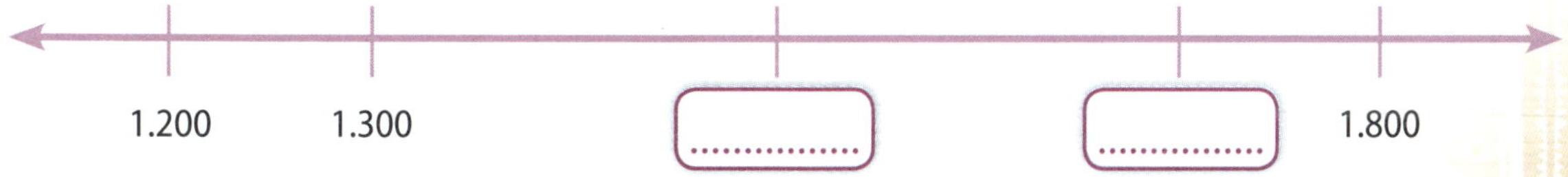

3 ¿En cuál de las rectas anteriores podrían ubicar el número 7.425? ¿Entre qué números estaría?

....

4 ¿En cuál de las rectas anteriores podrían ubicar el número 25.000? ¿Entre qué números estaría?

....

Los números romanos

1 En la biblioteca los tomos de la enciclopedia están ordenados con números consecutivos de menor a mayor.

a. Escriban, en nuestro sistema de numeración, el número que corresponde a cada tomo.

....

b. Estos son los tomos 20, 25, 32 y 50 de la misma enciclopedia. Completen el lomo de cada tomo, en el sistema de numeración romano.

Los romanos usaban estos símbolos para representar cantidades:

I = 1 V = 5 X = 10 L = 50

C = 100 D = 500 M = 1.000

Los símbolos se escriben siempre de izquierda a derecha y sus valores se suman.

Solo en estos casos, los símbolos pueden ubicarse a la izquierda de otro número mayor y se restan:

- *I a la izquierda de V y de X.*
- *X a la izquierda de L y de C.*
- *C a la izquierda de D y de M.*

Los símbolos I, X, C y M pueden repetirse hasta tres veces.

2 Escriban estos números en el sistema de numeración decimal.

a. XIV = ...
b. XVI = ...
c. CXV = ...
d. XCV = ...
e. LXIX = ...
f. XLIX = ...
g. CDXL= ....
h. DCLX = ...
i. MMCD = ...

3 ¿Cuáles de estos números están mal escritos? ¿Por qué?

CMCDI XDI MXIX XCIV DLX MLV

....

....

4 Escriban el cálculo que hacen para saber qué número es cada uno.

a. MMCMXX = ...

b. CCLXII = ...

c. CMXLIV = ...

Definiciones

- Los números naturales con su escritura, sus nombres y la manera en que se combinan forman un **sistema de numeración**.

- Las características del sistema de numeración que usamos son las siguientes:
  - Con las cifras 0, 1, 2, 3, 4, 5, 6, 7, 8 y 9 se pueden escribir todos los números.
  - Es un **sistema posicional**, o sea, el valor de cada cifra depende de la posición que ocupa en el número.
  - Es un **sistema decimal**, es decir que cada cifra representa la multiplicación de esa cifra por 1, por 10, por 100, por 1.000, etcétera, según el lugar que ocupa en el número.

- En una **recta numérica** se pueden ubicar todos los números. Para hacerlo hay que respetar una escala. Es decir, si entre el 0 y el 10 hay 3 cm, entonces entre el 10 y el 20 también debe haber 3 cm.

- El **sistema de numeración romano** es un sistema que usa letras que representan distintos valores. Según como se los combina y la ubicación de los mismos, los valores de los símbolos se suman o se restan.

Conclusiones

- Los números se pueden expresar con cálculos en los cuáles intervienen la multiplicación y la suma. Por ejemplo,

$$14.582 = 1 \times 10.000 + 4 \times 1.000 + 5 \times 100 + 8 \times 10 + 2 = 14.582$$

- Cuando leemos un número natural podemos analizar qué valor tiene cada cifra según donde está escrita. Por ejemplo, en 5.049 el 4 vale 40 y en 6.497, el 4 vale 400.

- La calculadora ayuda a estudiar los números y realizar y reflexionar sobre la resolución de cálculos.

- El punto en la escritura numérica hace que la lectura de los mismos sea más fácil.

ACTIVIDADES DE INTEGRACIÓN

1. a. Escriban en palabras cada número.

24.860 | 36.008 | 57.480

b. En cada número hay una cifra que es 8. ¿Cuánto vale esa cifra en cada número? ¿Por qué el valor es distinto en cada caso?

2. Completen en los números para que queden entre los valores pedidos. Si no es posible, expliquen por qué.

a. ....875 está entre 10.000 y 20.000

b. ....6.280 está entre 15.000 y 20.000

c. ....9.562 está entre 50.000 y 60.000

3. a. Completen la tabla con los números que faltan. Los números que están en la misma columna son iguales.

Romano	XCIX			MMXL
Decimal		268	2.458	

b. Entre los números hay algunos que son capicúas (como el 545 o el XIX). Busquen otros números capicúas en el sistema romano. ¿Son también capicúas en nuestro sistema?

4. Completen las cuentas para verificar la igualdad.

a. 34.709 + ... = 35.709

b. .... + 10.000 = 42.097

c. 78.094 – .... = 77.050

d. .... – 10.000 = 92.164

5. Marquen el 0 en cada recta numérica.

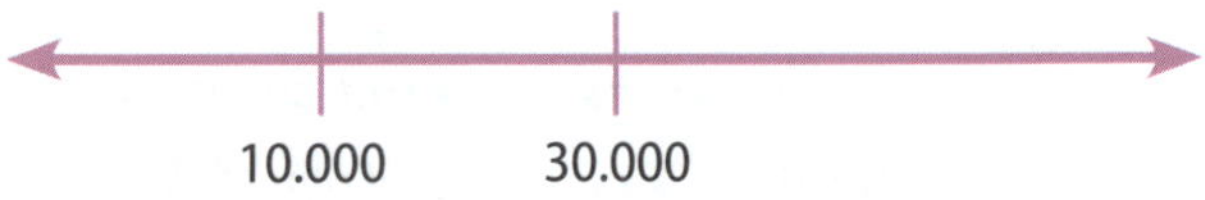

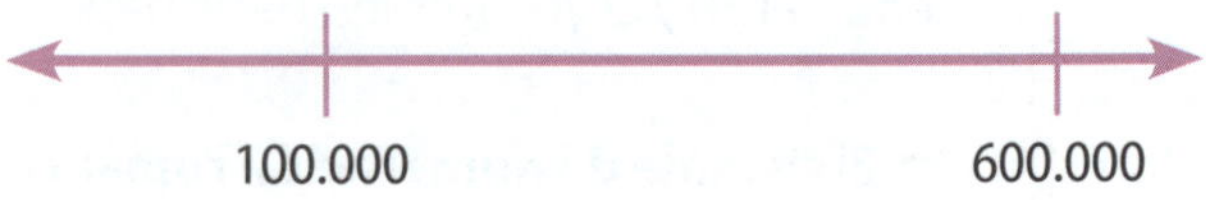

6. Completen los espacios en blanco para que la igualdad sea correcta.

a. 20.358 = ...× 10.000 + ...× 1.000 + ...× 100 + ...× 10 + ...

b. 54.039 = ...× 10.000 + ...× 1.000 + ...× 100 + ...× 10 + ...

c. 92.152 = ...× 10.000 + ...× 1.000 + ...× 100 + ...× 10 + ...

d. 9.152 = ...× 1.000 + ...× 1.000 + ...× 100 + ...× 10 + ...

2 Las figuras circulares

Usar el compás

1 Tomen el compás, ábranlo en cualquier medida y sigan los pasos de las fotografías para trazar en una hoja lisa una línea curva cerrada.

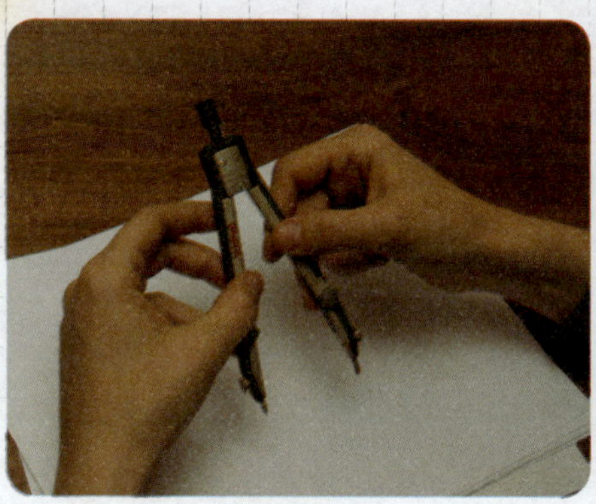

Abran el compás cuanto quieran.

Pinchen el compás en algún lugar de la hoja.

Dejen el pinche fijo y giren el compás para que la mina marque una curva.

2 Copien esta figura en una hoja lisa. Luego, expliquen cómo realizaron la copia. ¿Usaron el compás? ¿Para qué?

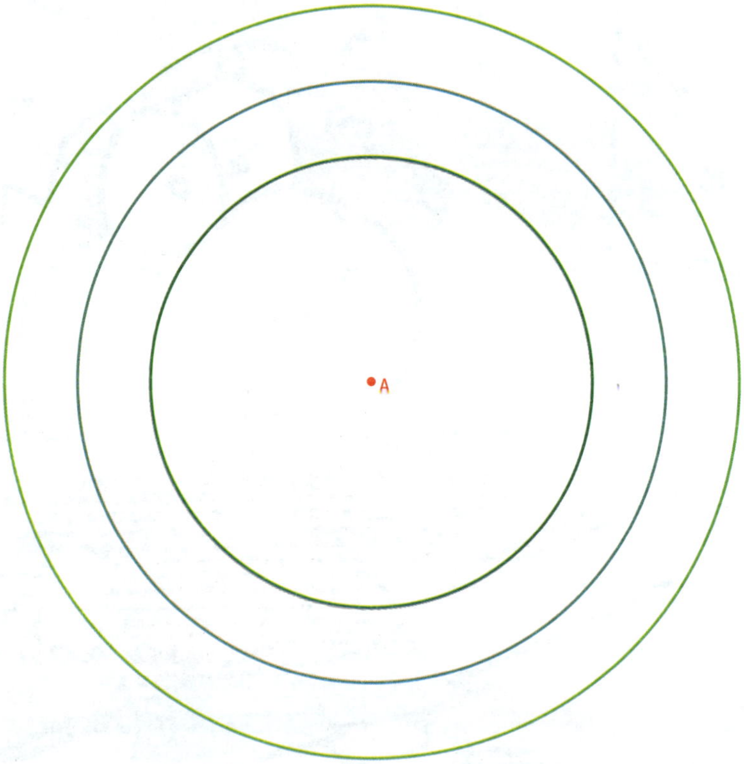

....

....

3 Escriban en la carpeta las instrucciones que le darían a un compañero para que copie esta figura con regla y compás.

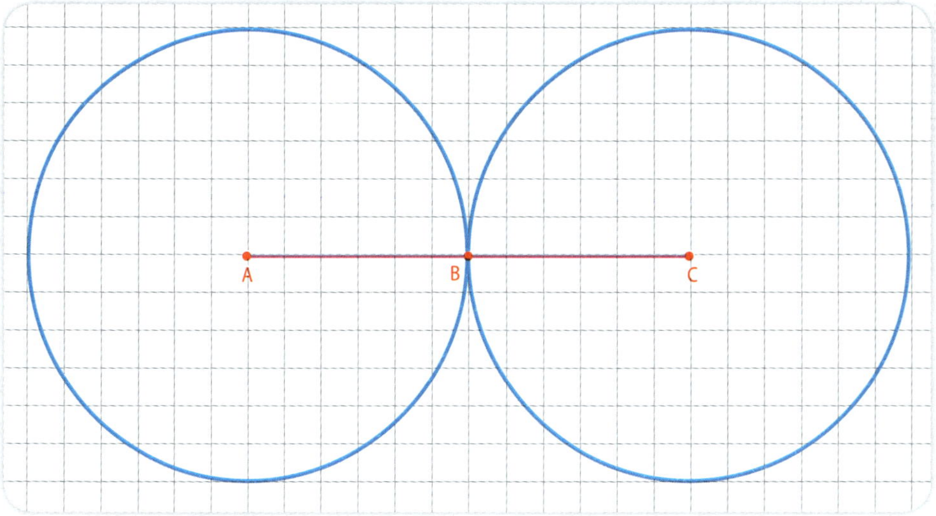

PENSEMOS ENTRE TODOS

Reúnanse con sus compañeros y comparen las instrucciones. Luego escriban entre todos un nuevo instructivo.

4 **a.** Copien estos segmentos, solo pueden usar regla no graduada y compás.

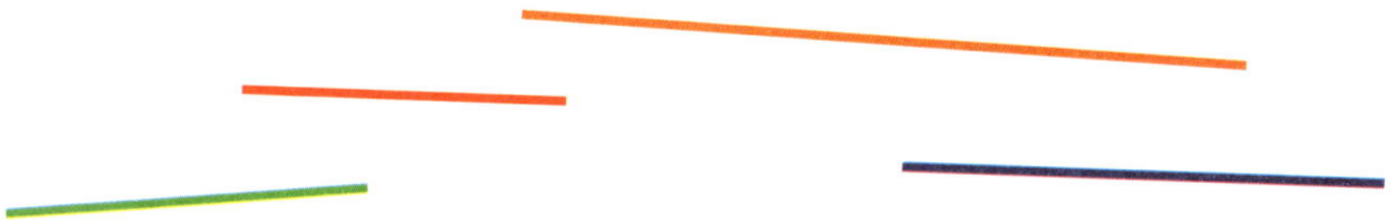

b. Dibujen en la carpeta un segmento que mida el doble del segmento azul.

c. Comparen, sin usar regla, los segmentos rojo y verde. ¿Cuál es el más largo? ¿Cómo se dieron cuenta?

....

*La línea cerrada que escribe el compás se llama **circunferencia**.*
*El punto donde se pincha el compás es el **centro** de la circunferencia. La abertura del compás se llama **radio**.*
*Un **diámetro** es un segmento que pasa por el centro y tiene extremos en la circunferencia.*

Puntos a igual distancia

1 **a.** Marquen cuatro puntos que estén a 3 cm de A.

b. ¿Pueden marcar 2 puntos más? ¿Cómo hacen para marcarlos?

....

....

c. ¿Cuántos puntos que estén a 3 cm de A pueden marcar?

....

d. Marquen todos los puntos que se encuentran a menos de 3 cm de A. ¿Cuántos pueden marcar? ¿Cómo se dan cuenta?

....

2 Pinten siguiendo las instrucciones.

- Pintar con rojo todos los puntos que están a menos de 2 cm de A.
- Con verde todos los puntos que están a más de 2 cm de A y menos de 2 cm de B.
- Con azul todos los puntos que están a menos de 1 cm de C y más de 2 cm de B.

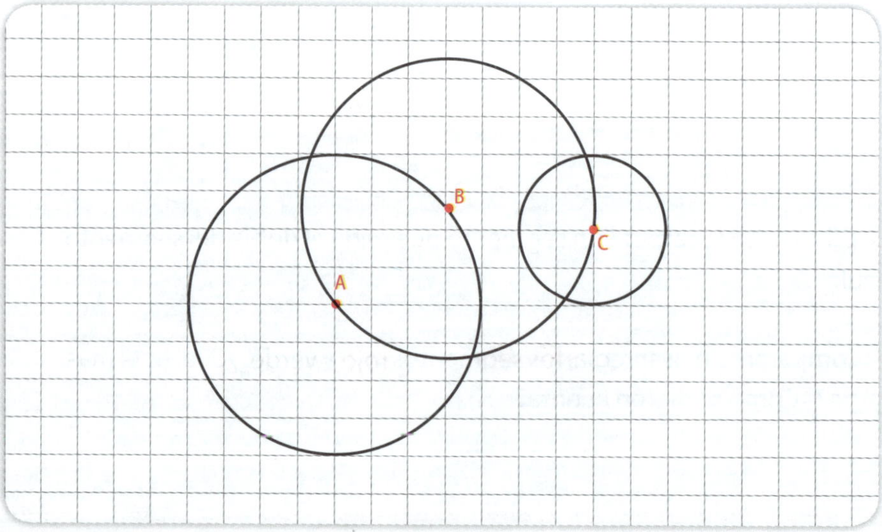

3 Marquen con rojo todos los puntos que estén a menos de 2 cm de A y a menos de 2 cm de B. ¿Cuántos hay? ¿Cómo los hallaron?

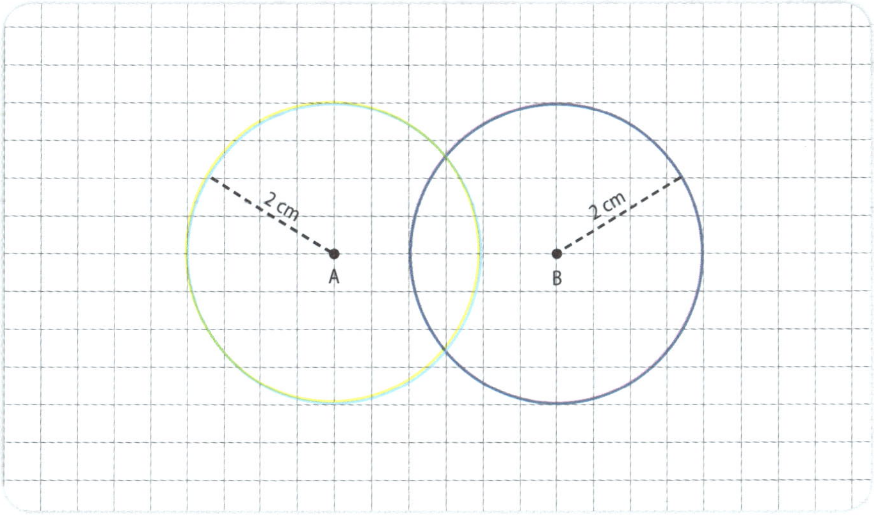

*El **círculo** es el lugar geométrico formado por todos los puntos que están a igual o menor distancia de uno dado.*

4 Escriban las condiciones que cumplen los puntos sombreados de cada color.

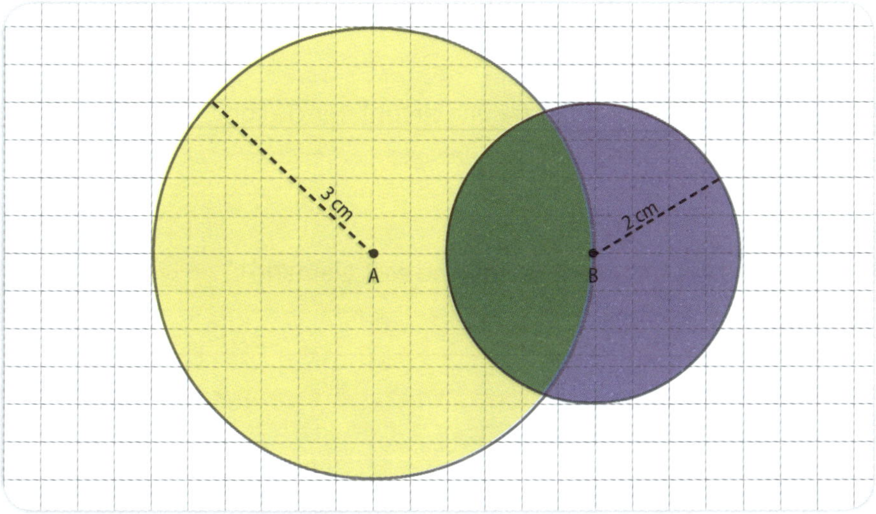

Amarillo ....

Verde ....

Azul ....

REVISEMOS LOS PROBLEMAS

- ¿Qué figura forman todos los puntos marcados en la actividad 1?
- Los puntos que están dentro de una circunferencia, ¿a qué distancia del centro están?

APRENDER CON LA COMPUTADORA

Circunferencias en GeoGebra

El programa GeoGebra es un software preparado para la enseñanza de la Matemática. Es libre y gratuito y puede bajarse de **http://geogebra.org**.
Para que funcione hay que instalar previamente JAVA, otro programa libre y gratuito.
Al abrir GeoGebra verán la siguiente pantalla.

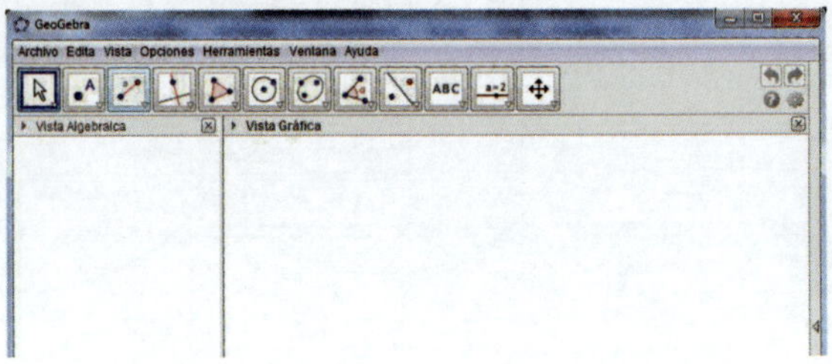

1. Si van a la herramienta  y se paran en el borde inferior izquierdo, se abren distintas herramientas.

a. Sigan las instrucciones y tracen la figura.

i. Marcar un punto A.
ii. Usar la herramienta *Circunferencia (centro, radio)* para trazar una circunferencia con centro en A y 3 cm de radio.
iii. Marcar un punto B en la circunferencia.
iv. Trazar la recta que pasa por A y B.
v. Marcar el punto donde se cortan la recta y la circunferencia que no es B. Llamarlo C.
vi. Trazar el segmento $\overline{BC}$.

b. ¿Cuánto mide el segmento $\overline{BC}$? ¿Cómo pueden estar seguros?

....

c. Tracen otro diámetro de la circunferencia.

2. a. Abran un nuevo archivo de GeoGebra y sigan estas instrucciones. Escriban en la carpeta los pasos que hacen y las instrucciones que usan.

i. Dibujar un segmento $\overline{AB}$.
ii. Marcar el punto medio usando la herramienta *Punto medio o centro*. Llamarlo M.
iii. Dibujar la circunferencia con centro en M que pase por A.

b. ¿Es cierto que B pertenece a la circunferencia? ¿Cómo pueden estar seguros?

....

Definiciones

✦ La **circunferencia** es la línea que contiene a todos los puntos que están a una distancia fija de un punto, llamado **centro**.

✦ Se llama **radio** al segmento que tiene un extremo en el centro y otro en un punto de la circunferencia. Hay infinitos radios. En general, se suele llamar radio a la medida de todos esos infinitos segmentos.

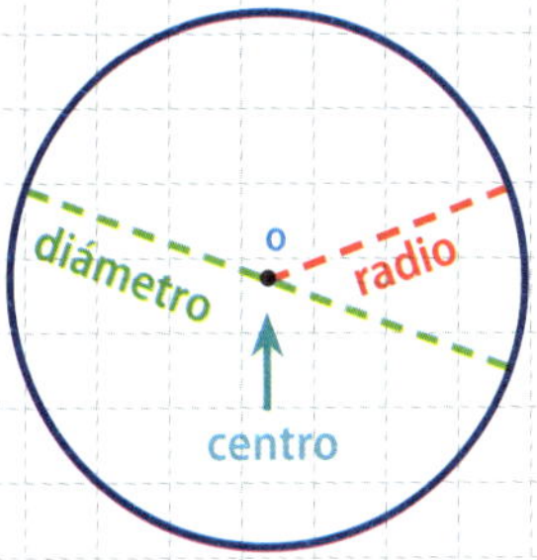

✦ Un segmento que tiene extremos en la circunferencia y pasa por el centro de la misma se llama **diámetro**.

✦ Un **círculo** está formado por todos los puntos que están a igual o menor distancia de un punto llamado **centro**.

Conclusiones

✦ Con el compás podemos dibujar circunferencias. El punto donde se pincha el compás es el centro de la circunferencia y todos los puntos que dibuja el lápiz del compás están a la misma distancia del centro.

✦ Con el compás podemos comparar longitudes de segmentos y trasladar la medida de los mismos.

✦ La circunferencia de centro A y radio r contiene a todos los puntos que están a r unidades de A.

✦ Todos los segmentos que tienen extremos en el centro de la circunferencia y en un punto de la misma, tienen la longitud del radio.

✦ El círculo de centro A y radio r contiene a todos los puntos que están a una distancia menor o igual que r de A.

✦ El diámetro mide el doble que el radio.

ACTIVIDADES DE INTEGRACIÓN

1. a. Sigan las instrucciones y dibujen con regla y compás, en hoja lisa, la figura.

i. Dibujar un segmento de 4 cm. Llamar A y B a los extremos.
ii. Trazar una circunferencia con centro en A y 3 cm de radio.
iii. Trazar una circunferencia con centro en B y 2 cm de radio.
iv. Marcar los puntos donde se cruzan las dos circunferencias. Llamarlos C y D.

b. Completen estas frases.

i. El punto C está a .... centímetros de A.

ii. El punto C está a .... centímetros de B.

iii. El punto D está a .... centímetros de A.

iv. El punto D está a ....centímetros de B.

2. Escriban las instrucciones para que otro compañero realice esta figura sin verla.

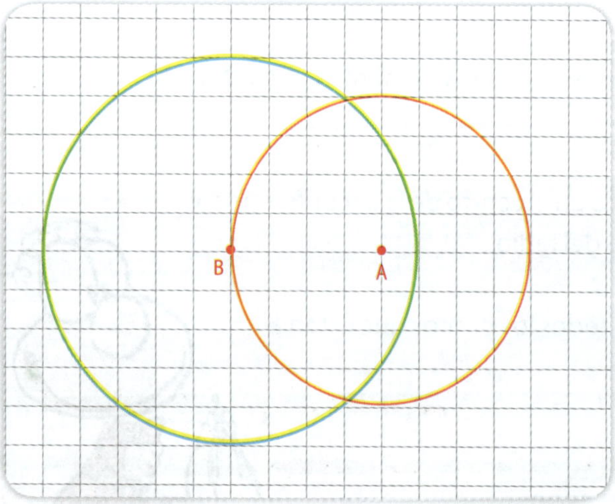

3. Escriban qué condición verifica los puntos sombreados de cada color en esta figura.

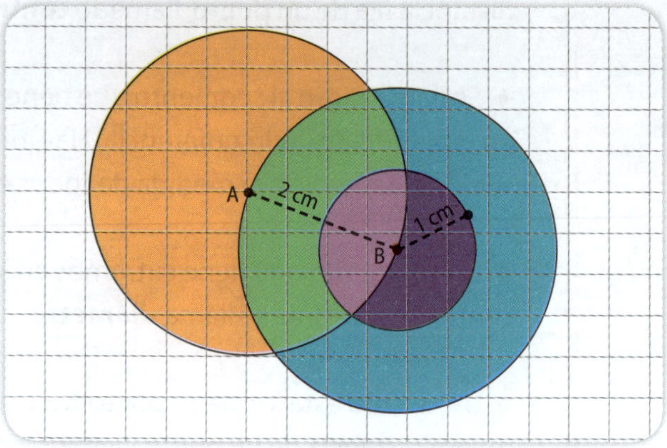

4. a. Usen el compás para decidir cuáles de estos segmentos son iguales. Escriban cómo se dieron cuenta.

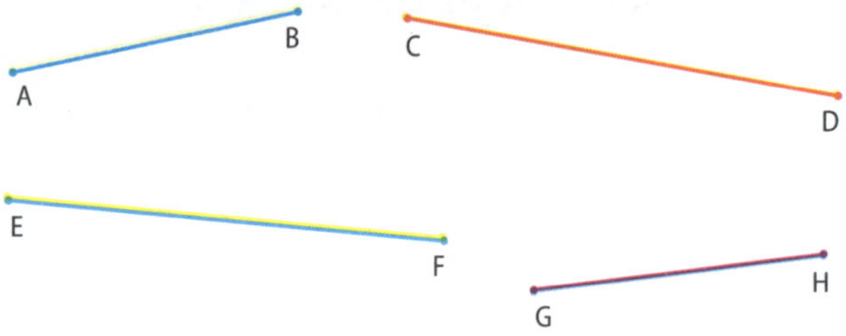

b. Copien en hoja lisa con regla no graduada y compás el segmento $\overline{AB}$.

5. Copien en hoja cuadriculada esta figura usando solamente regla no graduada y compás.

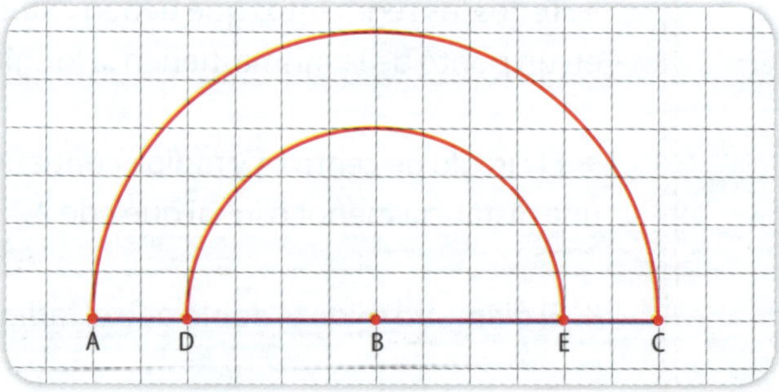

3 Operaciones con números naturales

¿Cómo se resuelve?

1 Una banda de rock organiza un recital en un estadio con capacidad para 5.000 personas. Una semana antes del show se vendieron 3.570 entradas y se regalaron 500 a periodistas. ¿Cuántas entradas faltan por vender?

Respuesta: ....

2 Pablo participa de una carrera de rally de 2.750 kilómetros separada en 4 etapas.

a. Completen la tabla.

Etapa 1	Etapa 2	Etapa 3	Etapa 4
1.670 km	540 km	330 km	

b. Si en la primera etapa su cuenta kilómetros marca que ya recorrió 440 km, ¿cuánto le falta para terminar esa etapa?

Respuesta: ....

c. ¿Cuántos kilómetros recorre en total entre las dos primeras etapas?

Respuesta: ....

3 Julio llevó a la escuela 57 figuritas.

a. Si en el primer recreo ganó 15 y en el segundo perdió 8, ¿cuántas figuritas tiene al empezar el tercer y último recreo?

Respuesta: ....

b. Si al volver a su casa tiene 61 figuritas, ¿cuántas figuritas ganó o perdió Julio en el último recreo?

Respuesta: ....

4 Luz tiene $358, María tiene $115 menos que Luz y Victoria tiene $620 más que María.

a. ¿Cuánto dinero tiene cada chica?

Respuesta: ....

b. Si Luz y María juntan su dinero, ¿tienen más o menos que Victoria? ¿Cómo se dan cuenta sin hacer cuentas?

....

....

5 Lucía, Milagros y Eliana juegan con dados.

a. Lucía gana con 645 puntos. Tiene 148 puntos más que Eliana que va segunda. ¿Cuántos puntos tiene Eliana?

Respuesta: ....

b. Milagros, que está tercera a 248 puntos de Lucía, sacó en dos manos 138 y 105 puntos. ¿Alcanzó o no a Lucía? ¿Por qué?

Respuesta: ....

TALLER DE PROBLEMAS

Un avión sale de Buenos Aires con 160 pasajeros. Va a Puerto Madryn, Ushuaia, El Calafate y regresa directo a Buenos Aires. En cada escala suben pasajeros que vuelven a Buenos Aires.

a. En Puerto Madryn, luego de subir 15 pasajeros con destino a Buenos Aires, quedan en el avión 145 pasajeros. ¿Cuántas personas bajaron en Puerto Madryn?

b. En Ushuaia bajan 60 personas y suben 30 que van a Buenos Aires. ¿Cuántas personas hay ahora en el avión?

c. Luego de la escala de El Calafate quedan en el avión rumbo a Buenos Aires un total de 105 personas. ¿Cuántas personas bajaron en El Calafate?

Resolver de manera sencilla

1 Usen que 5 + 4 = 9, 3 + 4 = 7 y 2 + 6 = 8 para resolver estos cálculos. Escriban qué cuenta usaron y por qué.

a. 540 + 400 = ... **b.** 6.000 + 2.800 = ...

c. 7.900 – 500 = ... **d.** 6.700 – 300 = ...

2 Sin hacer la cuenta, rodeen el resultado correcto. Expliquen en la carpeta cómo hicieron para decidir.

a. **254 + 706** 960 958 860

b. **895 – 542** 353 453 363

c. **554 + 256** 710 810 816

d. **583 – 294** 311 291 289

3 Sin hacer la cuenta, marquen la respuesta correcta. Expliquen en la carpeta cómo hicieron para decidir.

Cálculo	El resultado va a empezar con 2	El resultado va a empezar con 3	El resultado va a empezar con 4
269 + 25			
158 + 253			
569 – 170			
454 – 208			

En las cuentas, cada número tiene un nombre.

354 + 268 + 118 = 740

Sumandos (354, 268, 118) — *Suma* (740)

852 – 142 = 710

Minuendo (852) — *Sustraendo* (142) — *Resta o diferencia* (710)

4 Completen las cuentas teniendo en cuenta lo pedido.

a. 159 + ... = ... La suma debe ser mayor que 300 y menor que 400.

b. 785 – .... = ... La suma debe ser mayor que 200 y menor que 300.

c. 135 + ... = ... La resta debe ser mayor que 600 y menor que 700.

d. 984 – .... = ... La resta debe estar entre 600 y 700.

REVISEMOS LOS PROBLEMAS

¿Qué datos tienen en cuenta para determinar con qué número va a empezar el resultado?

¿Cuántas respuestas posibles hay para cada cálculo de la actividad 4? ¿Por qué? ¿Qué tiene en común?

Sumar y restar

1 Lean lo que hicieron los chicos para resolver 3.520 + 1.662.

Alejandro

3.520 + 1.662

3.000 + 500 + 20   1.000 + 500 + 100 + 60 + 2

4.000   1.000   80

4.000 + 1.000 + 100 + 80 + 2 = 5.182

Nicolás

3.520 = 3.000 + 500 + 20
+ 1.662 = 1.000 + 600 + 60 + 2
4.000 + 1.100 + 80 + 2 = 5.182

Claudia

1 (carried, written above)
3.520
+ 1.662
5.182

PENSEMOS ENTRE TODOS

- ¿Cómo descompone Alejandro el número 1.662? ¿Por qué lo hace de esta manera?
- ¿Qué representa el 1 rojo de la cuenta de Claudia? ¿Dónde está en la cuenta de Nicolás?
- ¿Cuáles son las similitudes y diferencias que hay entre la cuenta de Nicolás y la de Claudia? ¿Y entre la de Alejandro y Nicolás?

2 Lean lo que hicieron los chicos para resolver 7.524 – 1.270.

Alejandro

7.524 – 1.270
7.524 – 1.000 = 6.524
6.524 – 20 = 6.504
6.504 – 200 = 6.304
6.304 – 50 = 6.254

Nicolás

7.524 = 7.000 + 400 + 120 + 4
– 1.270 = 1.000 + 200 + 70
6.000 + 200 + 50 + 4 = 6.254

Claudia

4 1 (written above; the 5 is crossed out)
7.524
– 1.270
6.254

PENSEMOS ENTRE TODOS

- ¿Dónde aparece el número 1.270 en la cuenta de Alejandro? ¿Por qué hace la cuenta de esta manera?
- ¿Qué representa el 1 verde en la cuenta de Claudia? ¿Dónde está en la cuenta de Nicolás?
- ¿Qué representa el 4 anaranjado de la cuenta de Claudia? ¿Dónde está en la cuenta de Nicolás?
- ¿Cuáles son las similitudes y diferencias que hay entre la cuenta de Nicolás y la de Claudia?

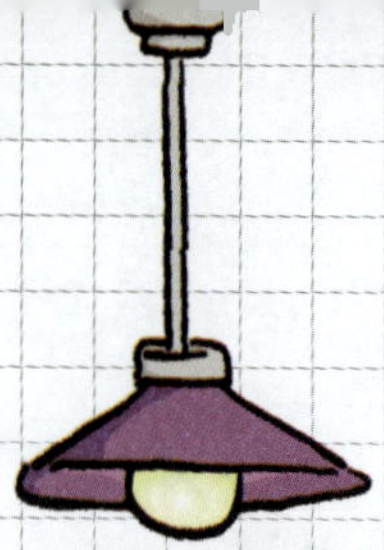

El álbum de figuritas

Los chicos coleccionan figuritas. Cada uno tiene un álbum de 20 páginas. Cada página se completa con 14 figuritas.

1 Lazlo completó 2 páginas de su álbum, Tatiana 4 páginas y Matías 8. ¿Cuántas figuritas pegó cada chico en su álbum?

Respuesta: ....

2 Escriban una cuenta que permita calcular cuántas figuritas distintas son necesarias para completar el álbum.

....

3 ¿Cuántas páginas se pueden completar con 140 figuritas? ¿Y con 70?

Respuesta: ....

4 ¿Es cierto lo que dice Juan? ¿Por qué?

....

....

....

....

REVISEMOS LOS PROBLEMAS

- Escriban las cuentas que hicieron en la actividad **1**. ¿Qué relación hay en los resultados de esas cuentas?
- ¿Hay una única cuenta que permite calcular la cantidad de figuritas en la actividad **2**?
- ¿Están de acuerdo con lo que piensa la tortuga? ¿Por qué?
- ¿Cómo pueden usar que $7 \times 6 = 42$ para calcular 7×12? ¿Y para calcular 7×3?
- ¿Cómo pueden usar que $8 \times 5 = 40$ para calcular 4×5? ¿Y para calcular 8×10?

5 El quiosquero compra cajas con 20 paquetes de figuritas cada una.

a. Completen la tabla.

Cantidad de cajas	2	4	6	9
Cantidad de paquetes				

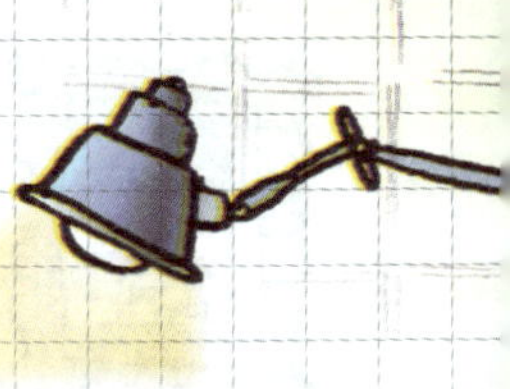

En las cuentas, cada número tiene nombre.

$25 \times 4 \times 2 = 200$

Factores (25, 4, 2) — *Producto* (200)

b. El quiosquero sabe que en 5 cajas hay 100 paquetes. Escriban en la carpeta cómo puede usar lo que sabe para calcular cuántos paquetes hay en 4 cajas y en 10 cajas.

6 El quiosquero compra cajas más grandes. Lean lo que dice Tatiana.

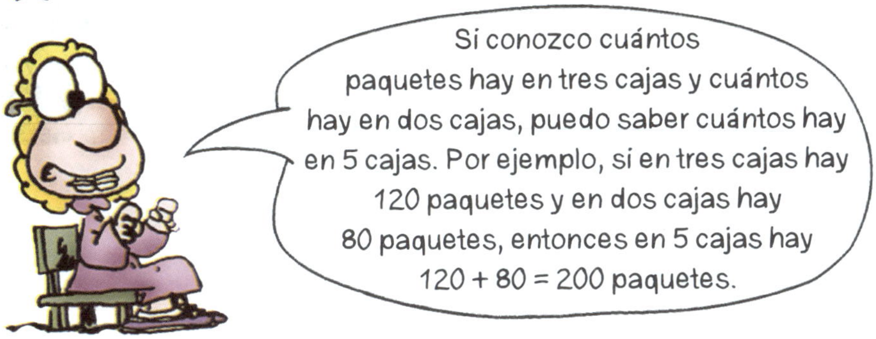

PENSEMOS ENTRE TODOS

- Escriban las cuentas que hicieron en la actividad **5**. ¿Qué relación pueden encontrar en los resultados de esas cuentas?
- Expliquen lo que dice Tatiana.

7 Usen que $10 \times 6 = 60$, $7 \times 6 = 42$ y lo que dice Tatiana para resolver estas cuentas. Escriban en la carpeta cómo usan las cuentas dadas.

a. $11 \times 6 =$ ....

b. $17 \times 6 =$ ....

c. $14 \times 6 =$ ....

8 Una caja trae 100 figuritas. Completen la tabla.

Cantidad de cajas	2	4	6	3	9	10			
Cantidad de figuritas							500	3.000	1.500

PENSEMOS ENTRE TODOS

- ¿Qué cuentas hicieron para calcular cada resultado?
- ¿En algunos casos es más fácil hallar la cantidad de figuritas que en otros? ¿Por qué?

Ubicar las fichas

Los chicos están armando rectángulos con las fichas.

1 Matías armó un rectángulo de 12 fichas de ancho y 10 de alto y Tatiana armó uno de 11 fichas de ancho por 10 de alto.

a. ¿Cuál de los rectángulos tiene más fichas? ¿Cómo se dan cuenta?

Respuesta: ....

b. Escriban un cálculo que permita hallar la cantidad de fichas en cada caso.

Matías .... Tatiana ....

c. Lazlo armó un rectángulo de 10 fichas de ancho y 12 de alto. ¿Es cierto que usó la misma cantidad de fichas que Matías? ¿Cómo se dan cuenta?

....

2 Lean lo que dice Tatiana y rodeen los cálculos que permiten hallar la cantidad de fichas que forman el nuevo rectángulo.

12×20 | $10 \times 12 + 10$ | 24×10

24×20 | $12 \times 10 + 12 \times 10$ | $12 \times 10 + 12$

TALLER DE PROBLEMAS

- Dibujen el rectángulo que podría armarse, uniendo los rectángulos de Lazlo y Matías. ¿Hay una sola posibilidad?
- Ana arma un rectángulo de 7×4 y uno de 6×4. ¿Cuántas fichas tendrá un rectángulo que se arme uniendo los dos que armó Ana? ¿Cuántas filas y cuántas columnas tendrá? ¿Se puede armar más de uno?

3 Tatiana estaba armando un rectángulo y lo dejó sin terminar.

a. ¿Cuántas fichas necesita para completar todo el rectángulo?

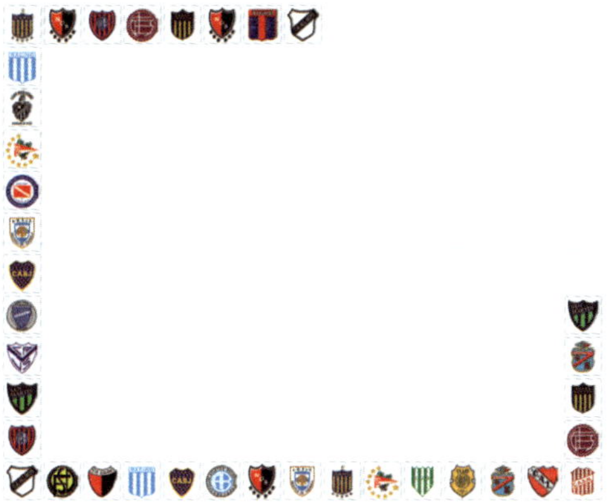

Respuesta: ....

b. Escriban un cálculo para hallar la cantidad de fichas que se necesitan para armar el rectángulo.

....

4 Escriban la cantidad de filas y columnas que tendrá cada rectángulo, según la cantidad de fichas que se usarán para armarlo.

a. 30 fichas. Filas: .... Columnas: ....

b. 90 fichas. Filas: .... Columnas: ....

c. 28 fichas. Filas: .... Columnas: ....

d. 45 fichas. Filas: .... Columnas: ....

e. 120 fichas. Filas: .... Columnas: ....

f. 100 fichas. Filas: .... Columnas: ....

5 Juan armó un rectángulo con 8 fichas de alto y 10 de ancho. Lazlo quiere armar uno más grande y propone aumentar la cantidad de fichas de alto en una. Tatiana quiere que la cantidad de fichas de ancho sea 11. ¿Cuál de los dos nuevos rectángulos tendrá más fichas?

....

....

REVISEMOS LOS PROBLEMAS

- ¿Qué deben conocer para determinar la cantidad de fichas de un rectángulo?
- Si conocen la cantidad de fichas, ¿pueden determinar el ancho y el largo de un rectángulo?
- ¿Es posible que haya más de un rectángulo con una determinada cantidad de fichas? ¿Cómo se dan cuenta?

La jornada de juegos

Las maestras de cuarto arman una jornada de juegos. Asistirán los 49 chicos de los dos turnos. Todos los alumnos participarán en todos los juegos.

1 Para la primera actividad deben armar equipos de hasta 5 personas.

a. ¿Cuál es la mínima cantidad de equipos que pueden armar para que jueguen todos?

Respuesta: ....

b. Si quieren armar la menor cantidad de equipos con la condición de que cada uno tenga un máximo de 6 alumnos, ¿cuántos equipos tienen que armar? ¿Todos tienen la misma cantidad de alumnos?

....

2 En una segunda actividad necesitan que todos los equipos tengan la misma cantidad de personas.

a. ¿De cuántas personas debe ser cada equipo?

Respuesta: ....

b. ¿Hay una sola posibilidad de organizar los equipos? ¿Por qué?

....

c. Si en vez de 49 chicos fueran 50, ¿podría armar equipos de 4 personas sin que sobre alguien? ¿Y de cinco?

....

3 Para el tercer juego, los 49 chicos deben organizarse en 4 equipos.

a. ¿Cuántos alumnos tendrá cada equipo?

Respuesta: ....

b. ¿Y si fueran 5 equipos?

....

4 Para la cuarta actividad las maestras tienen 90 cartulinas para distribuir equitativamente entre los 4 equipos. ¿Cuántas cartulinas recibirá cada equipo?

Respuesta: ....

5 En un juego tienen que guardar 80 fichas en cajas.

a. Si se ponen 10 fichas en cada caja, ¿cuántas cajas se llenan?

Respuesta: ....

b. Si se ponen 12 fichas en cada caja, ¿cuántas cajas se necesitan? ¿Cuántas cajas se llenan?

....

c. Contesten las preguntas **a** y **b** nuevamente pero sabiendo que son 90 las fichas que hay que guardar.

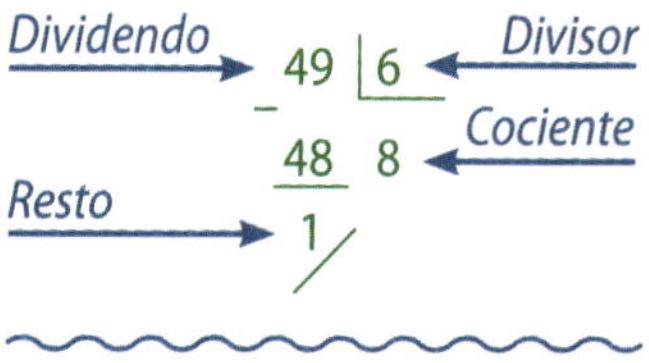

....

....

6 Para finalizar la jornada se invitó a algunas familias. En un salón se ubicaron mesas con lugar para 6 personas cada una.

a. Si van 70 personas, ¿cuál es la menor cantidad de mesas que se necesitan?

Respuesta: ....

b. ¿Cuántas personas más se pueden ubicar sin agregar más mesas?

....

REVISEMOS LOS PROBLEMAS

- ¿En cuáles de las actividades alcanza con el cociente para responder las preguntas? ¿Por qué?
- ¿En cuáles de las actividades no alcanza con el cociente para responder las preguntas? ¿Por qué? ¿Qué tuvieron que modificar para responder las preguntas en cada caso?

Ropa y combinaciones

1 A Marcelo no le gusta vestirse dos días seguidos de la misma manera. Tiene 4 camisas: una blanca, una celeste, una anaranjada y una amarilla; y 3 pantalones: uno marrón, uno azul y uno negro.

a. ¿Durante cuántos días puede vestirse con una camisa y un pantalón sin repetir la misma combinación?

Respuesta: ....

b. Rodeen las cuentas que permiten resolver el problema anterior.

4×3 | 4×2 | $3 + 3 + 3 + 3$ | $4 + 3$ | $4 + 4 + 4 + 4$

c. Si además tiene dos pulóveres, uno negro y otro azul, ¿cuántos días puede vestirse sin repetir la combinación camisa, pantalón y pulóver? Escriban una cuenta que resuelva la situación.

Respuesta: ....

2 Marcelo decidió comprar ropa para aumentar las combinaciones. Matías y Juan le dieron dos consejos.

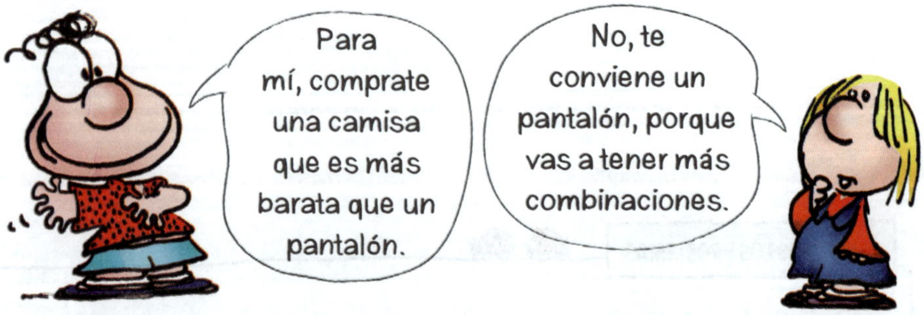

a. ¿Quién tiene razón? ¿Por qué?

....

b. ¿Qué pasaría si se comprara ambas cosas?

....

Definiciones

✦ En las cuentas, cada número tiene un nombre.

$354 + 268 + 118 = 740$

Sumandos: 354, 268, 118 — Suma: 740

$852 - 142 = 710$

Minuendo: 852 — Sustraendo: 142 — Resta o diferencia: 710

$25 \times 4 \times 2 = 200$

Factores: 25, 4, 2 — Producto: 200

Dividendo ⟶ 263 | 20 ⟵ Divisor

```
 263 |20
-200  10
  63 + 3
 -60  13
   3
```

Cociente: 13 — Resto: 3

Conclusiones

✦ Cuando sumamos tres números o más podemos cambiar el orden de los números para facilitar el cálculo.

✦ Recordar la suma y resta de números de una cifra nos permite hallar otros resultados más rápidamente. Por ejemplo, si $5 + 3 = 8$, entonces $50 + 30 = 80$.

✦ Hay ciertos resultados de multiplicaciones que ayudan para calcular otros. Por ejemplo, si $4 \times 8 = 32$ entonces:

- $4 \times 4 = 16$ porque como 4 es la mitad de 8, entonces 4×4 es la mitad de 4×8.
- $4 \times 16 = 64$ porque como 16 es el doble de 8, entonces 4×16 es el doble de 4×8.

✦ La división entera da por resultado dos números: el cociente y el resto. A veces, en los problemas donde debemos dividir tenemos que mirar el resto para pensar la respuesta.

ACTIVIDADES DE INTEGRACIÓN

1. Ana María, la bibliotecaria de la escuela, tiene $3.650 para comprar libros. Hizo una lista con 150 títulos. En la librería le dicen que el costo de 150 libros es $4.328 pero si paga en efectivo, le descuentan $750.

a. ¿Puede comprar los libros? ¿De qué depende?

b. Otra librería le ofrece por los mismos títulos dos pagos en efectivo, uno de $1.580 y otro de $2.090. ¿Podría hacer la compra en esta librería? ¿Por qué?

2. Un rompecabezas tiene 24 fichas de ancho y 10 de largo.

a. ¿Cuántas fichas tiene en total?

b. Otro rompecabezas tiene 12 fichas de ancho y 20 de largo, ¿tiene más o menos que el anterior? ¿cómo se dan cuenta?

c. ¿Cuáles pueden ser las dimensiones de un rompecabezas que tenga la mitad de fichas que el primero?

3. Lucas tiene 5 gorros y 4 paraguas.

a. ¿Cuántos conjuntos de un gorro y un paraguas puede armar?

b. Si además tiene 2 mochilas, ¿cuántos conjuntos de un gorro, un paraguas y una mochila puede armar?

4. En un juego se sacan 4 cartas y hay que armar la mayor cantidad de números con ellas.

a. ¿Cuántos números de 4 cifras se pueden armar con las cartas: 5, 7, 3 y 1?

b. ¿Cuántos números de 3 cifras se pueden armar con las cartas: 4, 6, 8 y 2?

5. María tiene $258 y Luisa $123 más que María. Juntan el dinero y compran un libro en 3 cuotas de $87. ¿Les alcanza el dinero? ¿Les falta o les sobra? ¿Cuánto?

6. Pablo vio dos ofertas en un diario:

CASA CANARIA

Llevando dos remeras manga corta, le regalamos la tercera.

Costo final **$240**

CASA TERESA

Remeras manga corta **A SOLO $75**

a. Si Pablo quiere comprar 3 remeras ¿a dónde le conviene ir?

b. ¿Cuánto gastaría Pablo por la compra de 6 remeras en Casa Canaria?

c. ¿Cuánto gastaría Pablo por la compra de 9 remeras en Casa Canaria? ¿Y en Casa Teresa?

7. Leandro, el profe de Educación Física, organizó una jornada de juegos con los 146 chicos de cuarto año.

a. Para las actividades quiere armar grupos de entre 4 y 5 chicos cada uno. ¿Cuál es la menor cantidad de grupos que puede armar?

b. Los chicos irán a un campo de deportes a unas 30 cuadras de la escuela y para llevarlos contrataron 6 micros. ¿Cuántos chicos deberían ir en cada micro para que tengan cantidades similares de pasajeros si viajan todos?

4 Las poligonales

Los segmentos

1 Dibujen en una hoja lisa un segmento de la misma longitud del que está dibujado. Una vez con regla sin graduar y compás y otra vez solo con regla graduada.

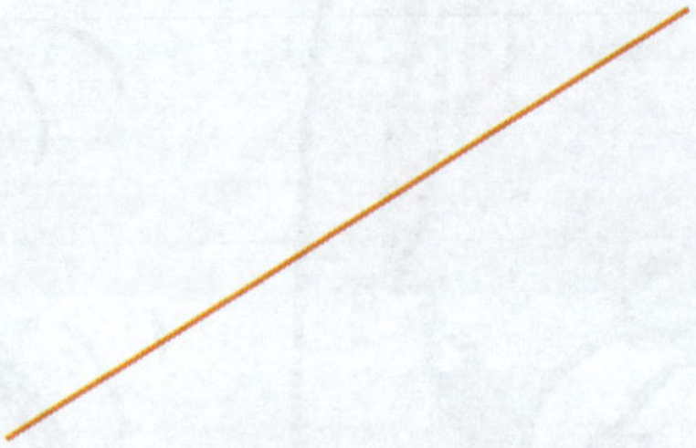

2 Dibujen un segmento que tenga el doble de longitud que el verde. Usando solamente regla no graduada y compás.

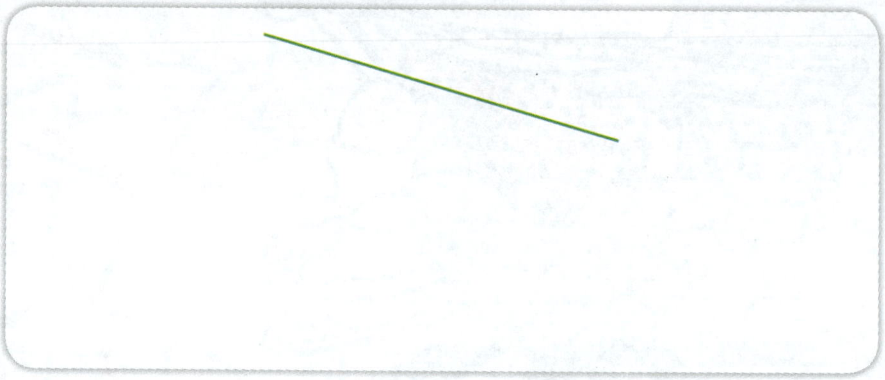

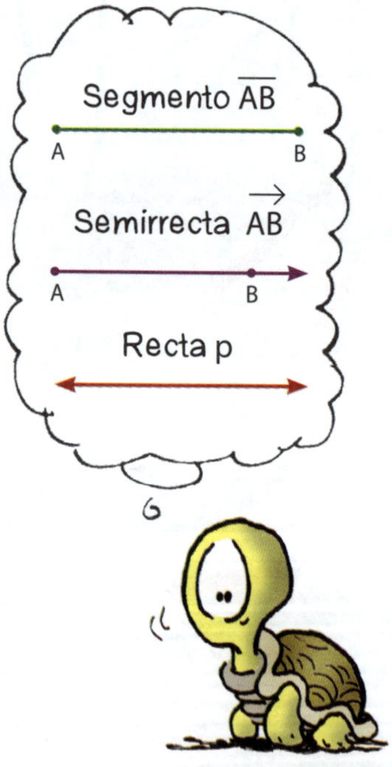

3 Dibujen un segmento que mida el triple que el azul. Usen solamente regla graduada.

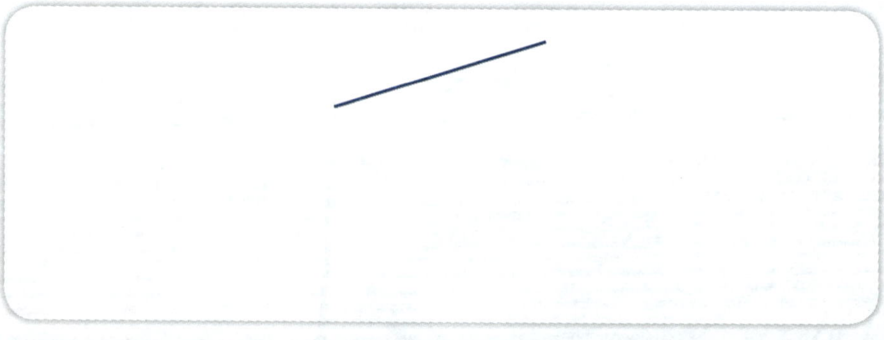

COMPUTADORA

Abran el programa GeoGebra. Si necesitan ayuda lean la página 24.

- Entren a tintaf.com.ar/geogebra/ y busquen el archivo "Segmentos de igual medida".
- Construyan un segmento verde de la misma medida que $\overline{AB}$ con extremo en C.

Anoten los pasos que siguen y las herramientas que usan.

- Muevan el punto B. ¿El segmento verde mantiene la misma medida que $\overline{AB}$? Si no es así, vuelvan a realizar la construcción.

Copiado de segmentos con regla y compás.

4 **a.** Dibujen un segmento de igual longitud que $\overline{AB}$, y otro de igual medida que $\overline{CD}$, que empiece donde termina el primero.

b. Dibujen un segmento cuya longitud sea la suma de las longitudes de los segmentos $\overline{AB}$ y $\overline{CD}$ usando solamente regla no graduada y compás.

*Un **segmento** es una figura rectilínea, es decir, una parte de una línea. Tiene principio y fin. Tiene longitud y se la puede medir con los centímetros y milímetros de la regla o con el compás.*

PENSEMOS ENTRE TODOS

- Comparen los procedimientos con los de sus compañeros.
- ¿Cómo se deben poner los segmentos para armar un segmento cuya longitud sea la suma de los otros?
- Lean lo que dicen los chicos. ¿Quién tiene razón? ¿Cómo se dan cuenta?

- ¿Cómo le contestarían a Matías?

Las poligonales

Este es el plano que marca los recorridos de varias líneas de trenes que atraviesan el Gran Buenos Aires. Para marcar los recorridos se usan segmentos que van de una estación a otra.

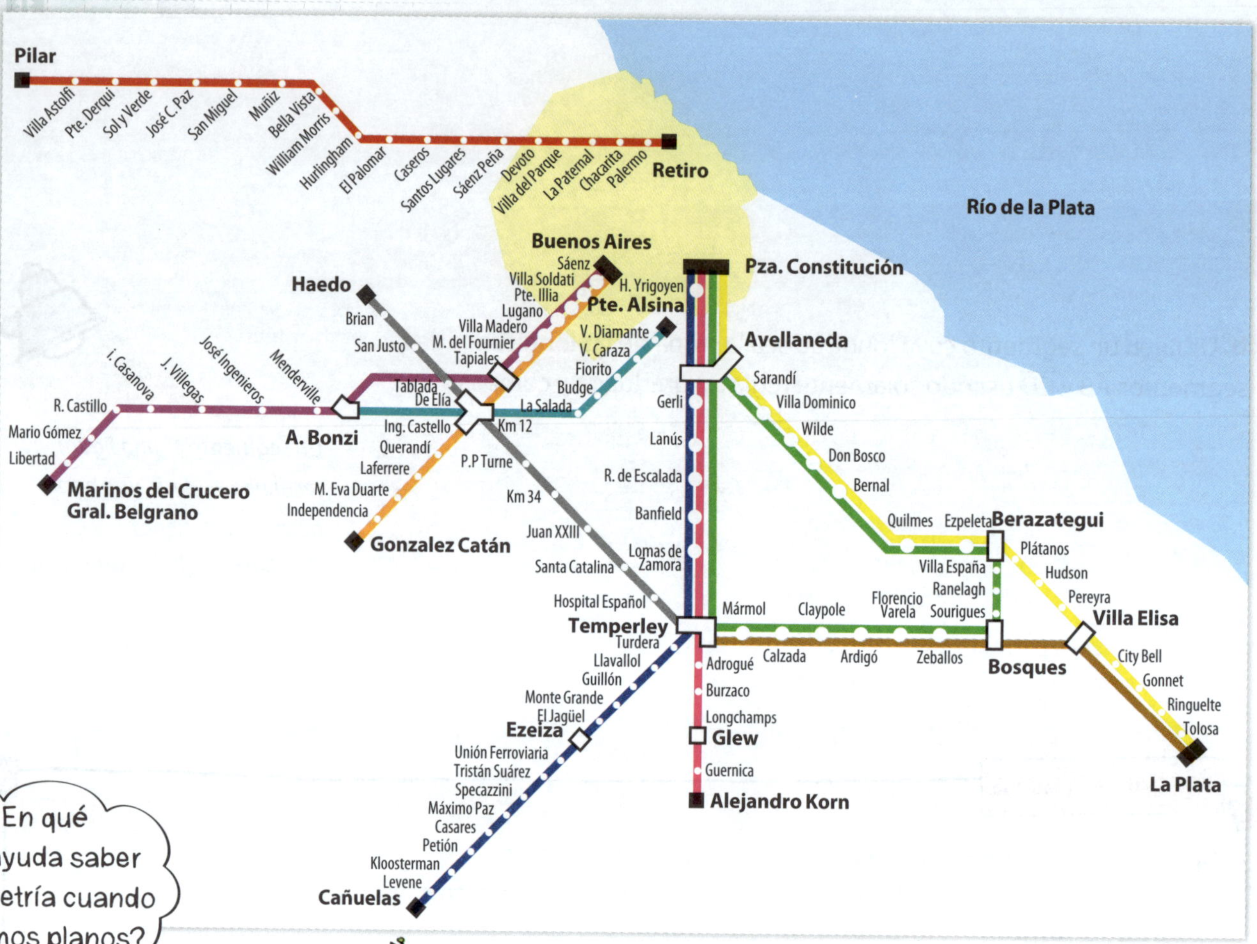

1 Observen el recorrido del tren marcado con rojo. ¿Cómo se ubican los segmentos que representan los recorridos entre dos estaciones consecutivas?

....

2 Juan quiere ir desde Cañuelas hasta Bosques en tren. ¿Puede realizar ese viaje? ¿Por qué? ¿Cómo debe hacerlo?

....

....

*Dos segmentos que solo comparten un punto extremo se llaman **consecutivos**. Si además, los tres puntos extremos pertenecen a una misma recta, esos segmentos consecutivos están **alineados**.*

3 Marquen los segmentos que representan los siguiente recorridos:
El segmento rosa desde Alejandro Korn hasta Temperley.
El segmento marrón desde Temperley a Villa Elisa.
¿Cómo están dispuestos? ¿Por qué?

....

Copiar y dibujar

1 Copien en una hoja lisa esta figura usando solamente regla graduada y escuadra no graduada.

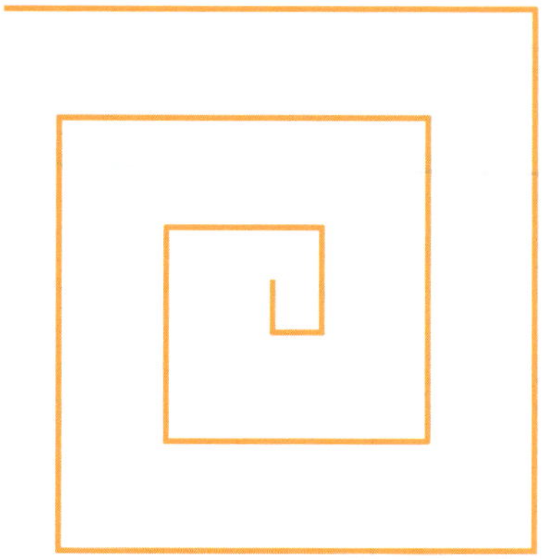

PENSEMOS ENTRE TODOS

- ¿Cómo están ubicados los segmentos que están uno frente al otro?
- ¿Cómo están ubicados los segmentos consecutivos?

2 Dibujen lo pedido usando solo regla graduada y escuadra.

a. Con rojo, un segmento perpendicular al dibujado.

b. Con azul, un segmento paralelo al dibujado.

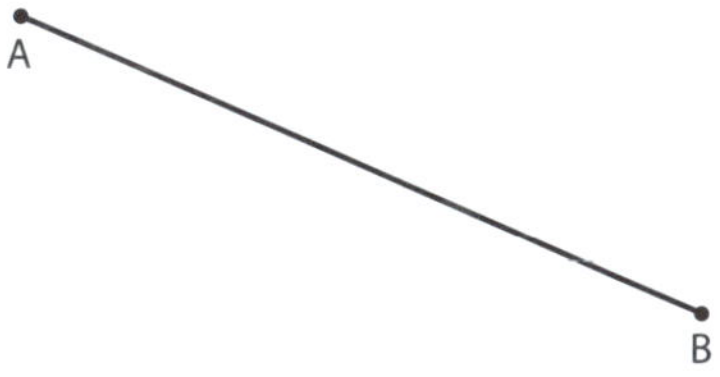

REVISEMOS LOS PROBLEMAS

- Lean lo que dice Matías. ¿Qué le contestarían?
- ¿Sirven una regla y una escuadra para saber si dos segmentos son paralelos? Expliquen cómo las usarían.

Los ángulos

1 **a.** Armen un instrumento de varillas articuladas con dos tiras de cartulina de 3 cm de longitud perforadas en un extremo y unidas por un gancho mariposa.

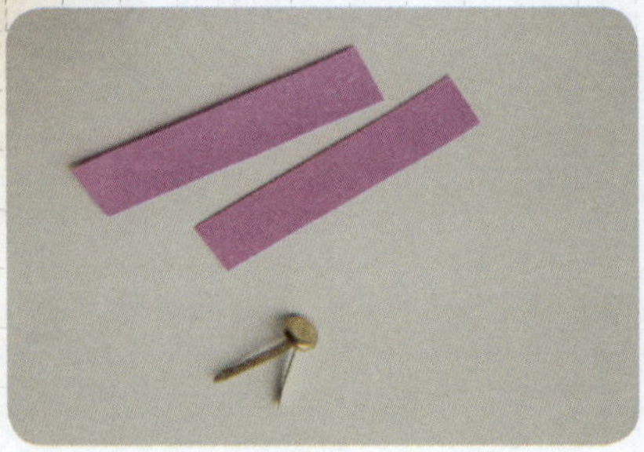

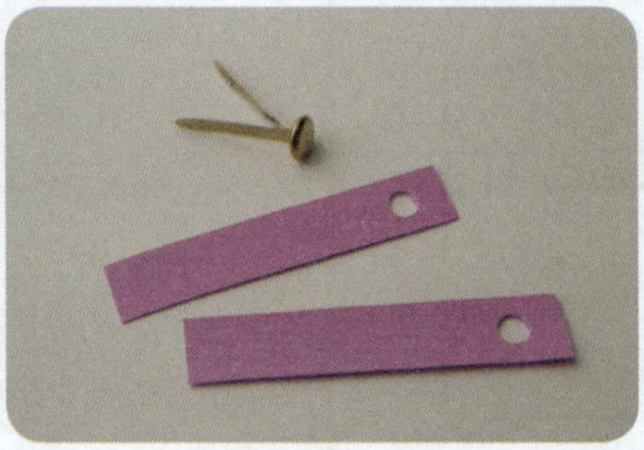

b. Copien este dibujo en papel liso usando el instrumento de varillas articuladas y la regla graduada.

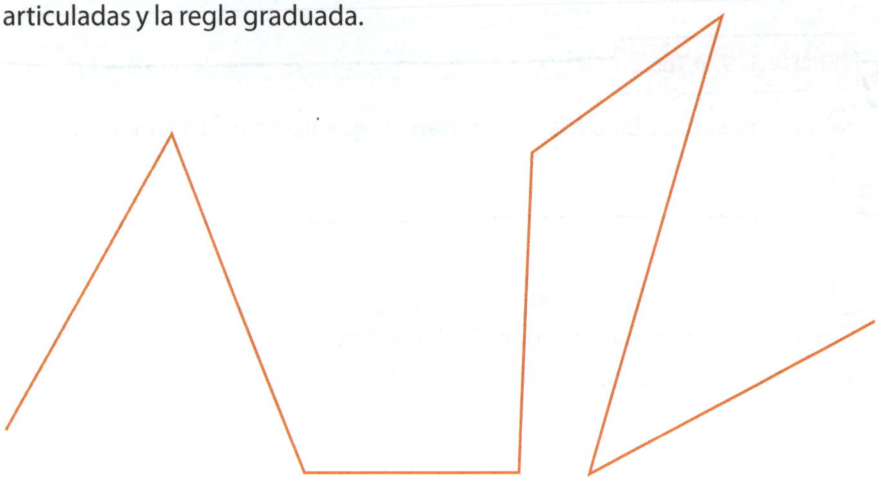

2 **a.** ¿Cómo se llaman los puntos comprendidos entre dos semirrectas que empiezan en el mismo punto? ....

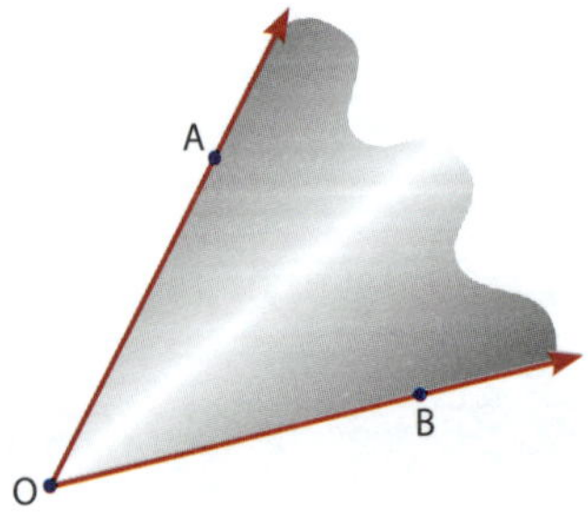

b. ¿Cómo se llama el punto en el que comienzan las dos semirrectas?

....

c. ¿Y las semirrectas?

....

PENSEMOS ENTRE TODOS

¿Sirven las varillas articuladas para copiar un ángulo? Expliquen cómo las usarían.

3 Dibujen en una hoja lisa ángulos que tengan la misma medida que estos. Usen regla no graduada y las varillas articuladas.

a.

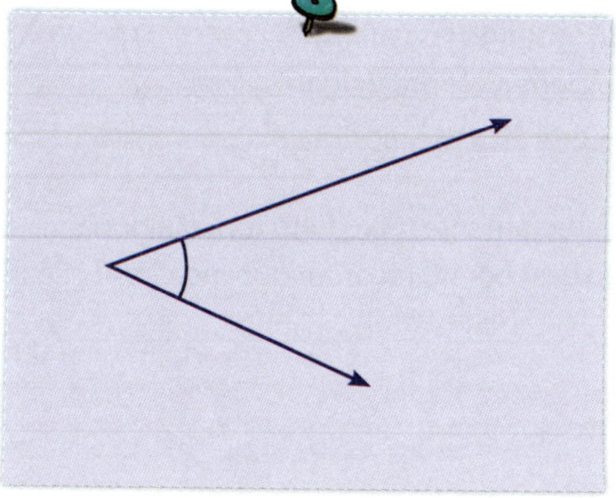

b.

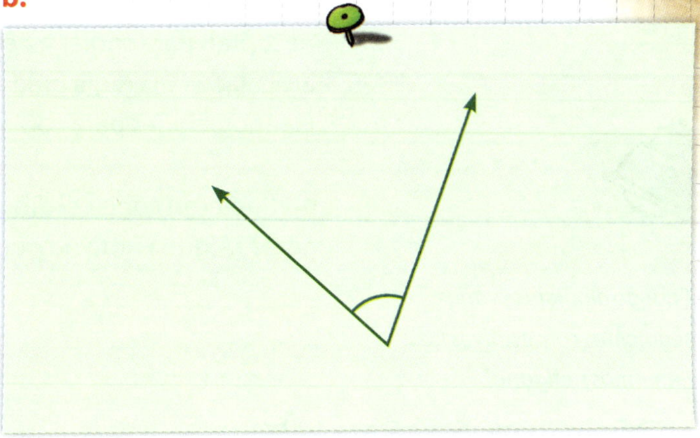

c.

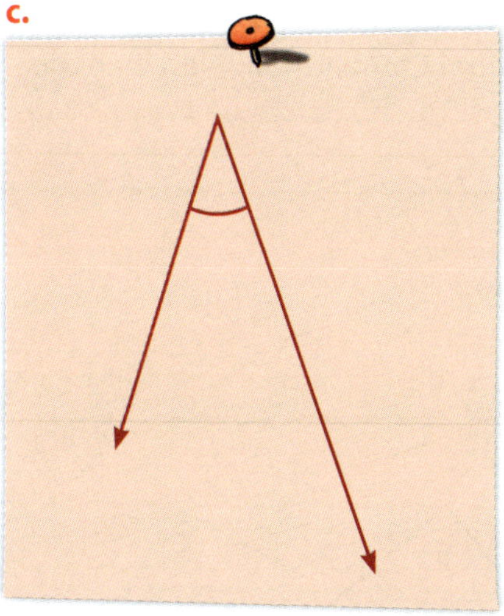

d.

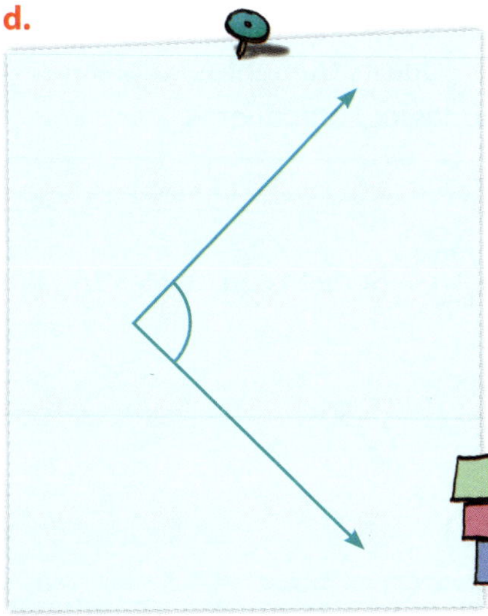

e.

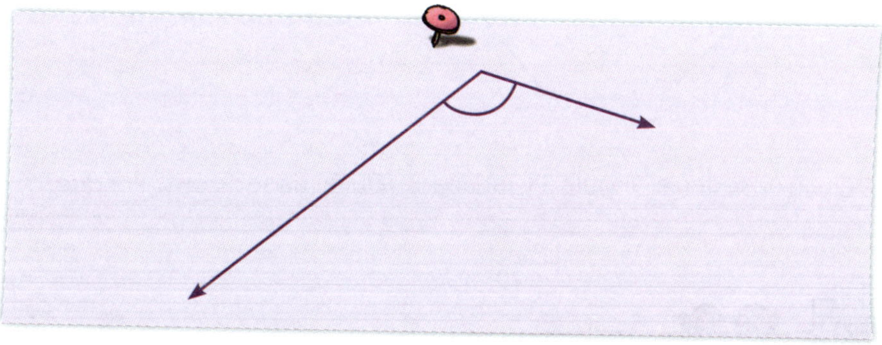

*Un ángulo es **agudo** si mide menos que un recto. Un ángulo es **obtuso** si mide más que un recto pero menos que el doble de uno recto.*

4 ¿Cómo se llaman los ángulos que tienen lados perpendiculares?

....

PENSEMOS ENTRE TODOS

¿Sirve una escuadra para saber si un ángulo es agudo, recto u obtuso? Expliquen cómo la usarían.

Dibujar ángulos

1 **a.** Anoten en la carpeta todas las medidas que necesitan para copiar este dibujo usando las varillas articuladas y la regla graduada. Cierren el libro y sigan las anotaciones para copiar la figura en una hoja lisa.

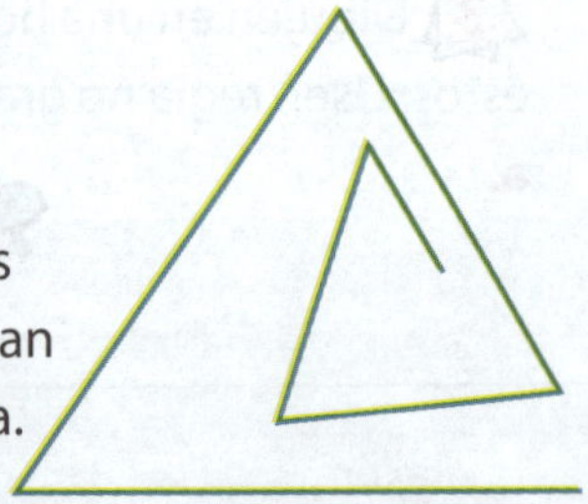

Cuando dibujamos varios segmentos consecutivos los llamamos ***poligonal****.*

b. ¿Pudieron copiar el dibujo correctamente? ¿Les faltó tomar alguna nota? ¿Alguna nota no pudieron usar por no recordar qué indicaba? ¿Cuál?

....

....

2 **a.** Vuelvan a copiar en hoja lisa la figura de la página 45, actividad **1**. Usen solo regla graduada, escuadra sin graduar y las varillas articuladas.
b. ¿Qué instrumentos emplearon? ¿Por qué? Comparen las elecciones de todos los compañeros.

....

3 **a.** Rodeen con rojo los ángulos rectos.

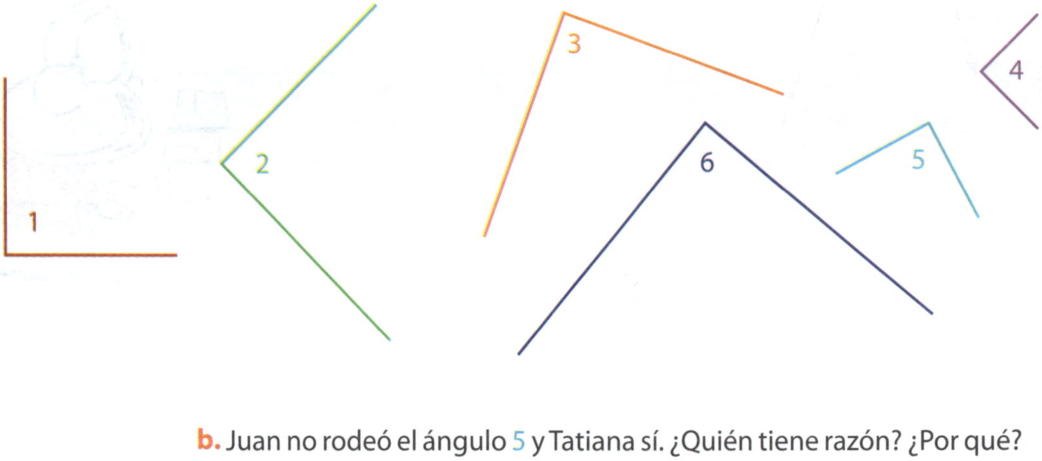

b. Juan no rodeó el ángulo 5 y Tatiana sí. ¿Quién tiene razón? ¿Por qué?

....

REVISEMOS LOS PROBLEMAS

Lean lo que dicen los chicos. ¿Quién tiene razón? ¿Por qué?

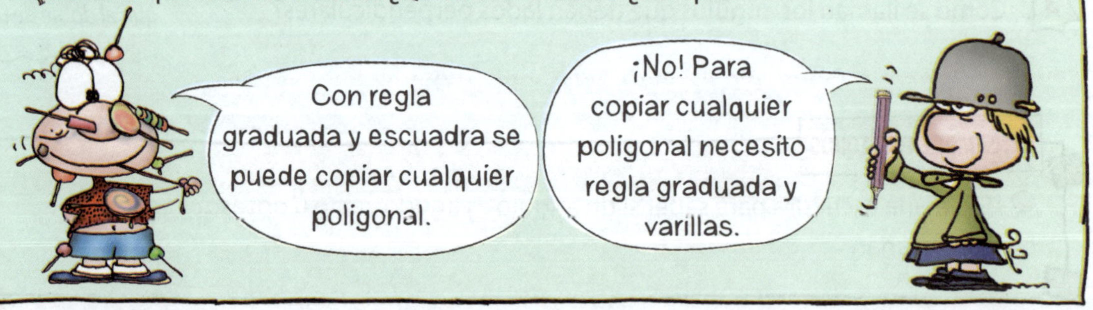

El transportador

1 Dibujen con regla y transportador un ángulo de 30° y uno de 60°. Expliquen cómo lo hicieron.

El transportador usa como unidad de medida el grado sexagesimal para medir ángulos. Cada rayita es un grado sexagesimal y se escribe 1°.

2 Juan y Tatiana dibujaron un ángulo de 30°.

Juan — Tatiana

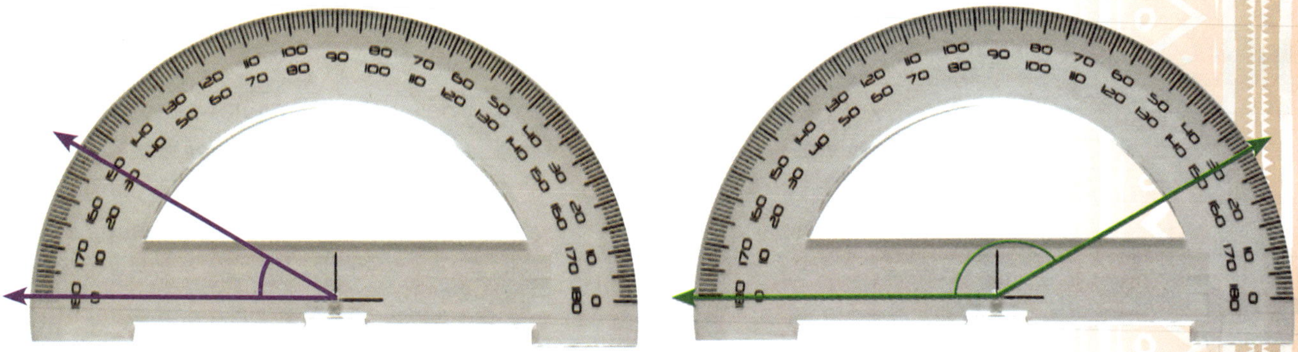

a. ¿Quién tiene razón? ¿Por qué? ....

b. Tatiana insiste que en su transportador el ángulo mide 30°. Expliquen por qué observa esa medida.

....

3 Midan estos ángulos con el transportador y anoten las medidas.

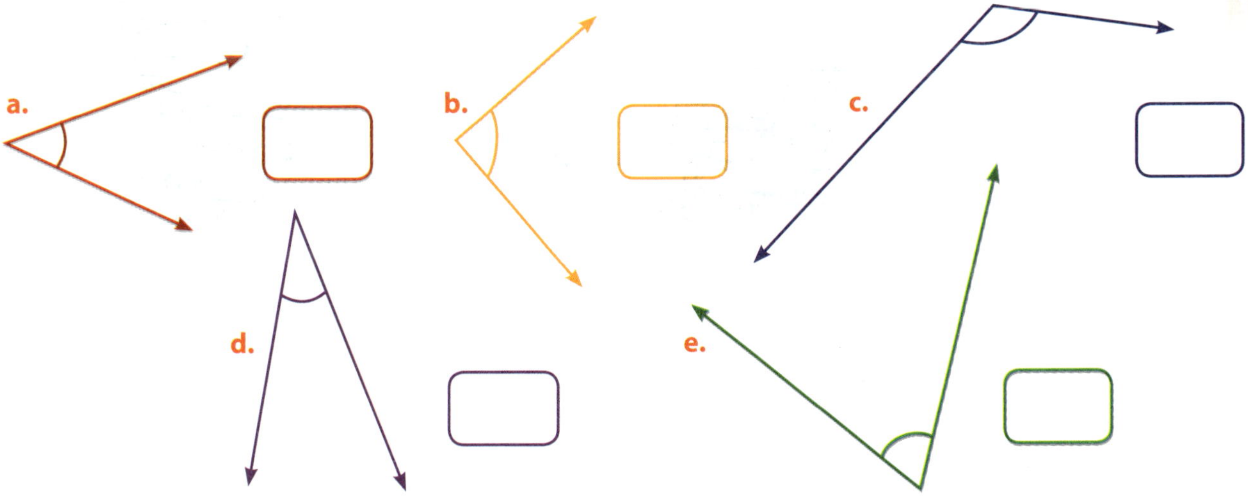

Uso del transportador.

¿Cuánto mide un ángulo?

1 **a.** Tracen dos rectas perpendiculares r y p usando regla y escuadra. Llamen O al punto donde se cortan las dos rectas.

b. ¿Cuántos grados sexagesimales entran en un ángulo recto? ....

c. ¿Cuántos ángulos rectos quedaron dibujados cuando trazaron las rectas r y p? ¿Cuántos grados sexagesimales entran en ellos?

....

2 **a.** Marquen un punto A en uno de los cuatro ángulos rectos de la actividad **1**. Tracen la circunferencia centro O que pasa por A.

b. Juan parte de A y llega nuevamente a A con el compás. ¿Cuántos giros da?

....

c. ¿Cuántos ángulos rectos entran en el giro?

....

d. ¿Cuántos grados entran en el giro?

....

El cuarto de giro es un ángulo ***recto*** *y el medio giro es un ángulo* ***llano****.*

3 ¿Quién tiene razón? ¿Juan o Lazlo? ¿Por qué?

....

4 ¿Es cierto que medio giro es equivalente a 180°? ¿Por qué? ¿Cuántos cuartos de giro son?

....

Definiciones

- La **recta** es una línea sin principio ni fin.
- La **semirrecta** es una línea recta con principio pero sin fin.
- El **segmento** es una línea recta con principio y fin.
- El **ángulo** es la región del plano comprendida entre dos semirrectas con el mismo punto de origen.
- El **grado sexagesimal** es la unidad de medida de las amplitudes de los ángulos.
- Los segmentos **consecutivos** son aquellos que tienen solo un punto extremo en común.
- Los segmentos consecutivos **alineados** son aquellos que tienen solo un punto extremo en común y sus extremos son puntos de una misma recta.
- Dos rectas son **perpendiculares** si al cruzarse determinan cuatro ángulos rectos.
- Un ángulo se llama **agudo** si es menor que un recto y se llama **obtuso** si es mayor que un recto pero menor que un llano.
- El **transportador** es un instrumento geométrico para medir ángulos.

Conclusiones

- Un ángulo de un giro tiene 4 ángulos rectos y mide 360°.
- Un ángulo de medio giro tiene 2 ángulos rectos y mide 180°.
- Un ángulo recto mide 90° y es la cuarta parte de un giro.
- Dos rectas perpendiculares al cruzarse forman ángulos rectos.
- Si dos rectas son perpendiculares a otra entonces son paralelas entre sí.
- Si dos rectas tienen la misma inclinación con respecto a otra entonces son paralelas entre sí.
- Si un ángulo tiene menos de 90° es agudo, si tiene 90° es recto y si tiene más de 90° y menos de 180° es obtuso.
- El transportador tiene dos lecturas de 0° a 180° y de 180° a 0°.

ACTIVIDADES DE INTEGRACIÓN

1. ¿Es válido el procedimiento de Matías? ¿Por qué?

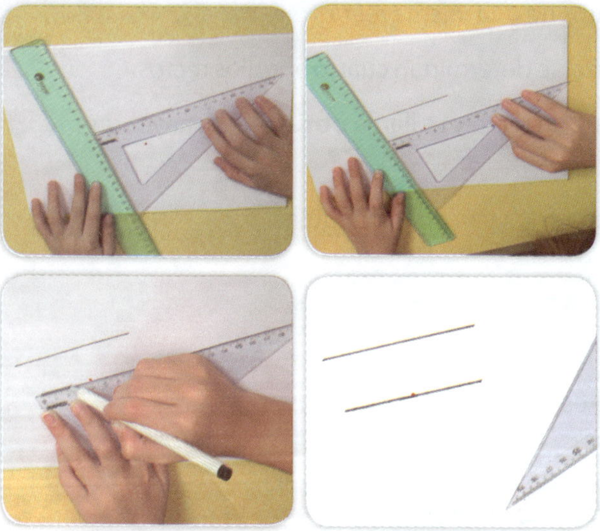

2. Dibujen un ángulo cualquiera en una hoja lisa. Redacten en la carpeta las instrucciones para que un compañero lo construya con regla graduada, varillas y transportador. Pásenle las instrucciones al compañero y analicen si dibuja el ángulo como ustedes querían. Si no es así, revisen las instrucciones.

3. Midan con el trasportador estos ángulos y anoten la medida de cada uno.

a.

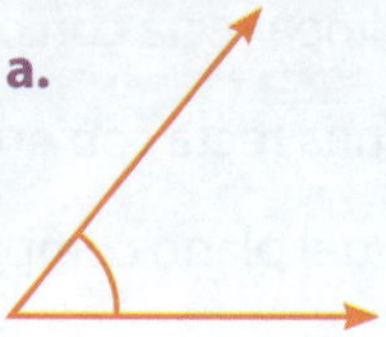

b.

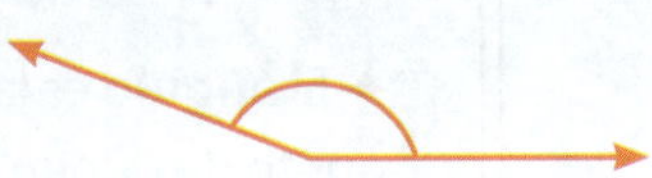

c.

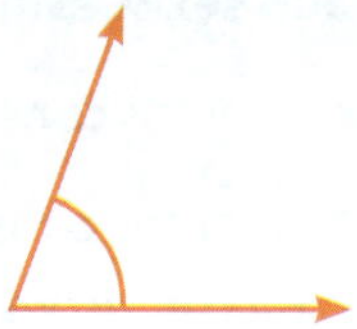

4. Observen la figura y contesten las preguntas.

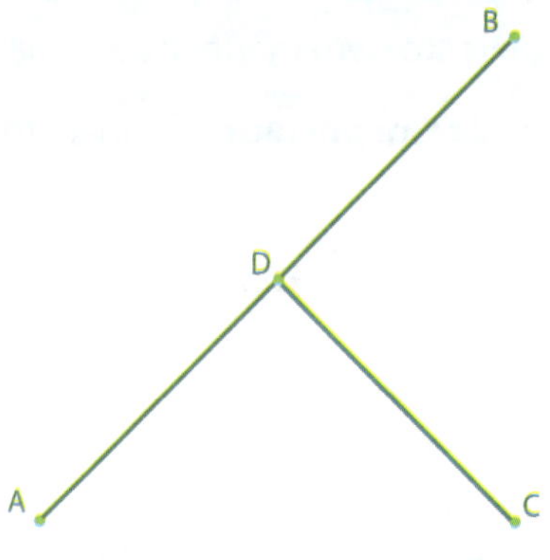

a. ¿Es cierto que $\overline{AB}$ y $\overline{CD}$ son segmentos consecutivos? ¿Por qué?

b. ¿Es cierto que $\overline{AD}$ y $\overline{CD}$ son segmentos consecutivos?

c. Nombren dos segmentos consecutivos y alineados.

d. Nombren dos segmentos consecutivos no alineados.

5 Multiplicación y división con números naturales

Acomodar los útiles

1 En la librería arman bolsitas con lápices.

a. Completen la tabla.

Cantidad de bolsitas	4	3	7	6	12	
Cantidad de lápices	60	45				30

b. ¿Cuántos lápices tiene una bolsita? ¿Qué cálculos les permiten hallar los resultados?

Si sabemos que con 40 lápices se arman 8 bolsitas y queremos saber la cantidad de lápices que trae una bolsita podemos hacer, por ejemplo, 40 lápices : 8 bolsitas = 5 lápices por bolsita.

Respuesta: ....

c. El librero dice que en 20 bolsitas tiene 300 lápices. ¿Cómo pueden usar ese dato para calcular cuántos lápices hay en 10 bolsitas?

Respuesta: ....

PENSEMOS ENTRE TODOS

- ¿Es posible determinar la cantidad de lápices que tienen 7 bolsitas usando los datos de las dos primeras columnas de la tabla? ¿Por qué?
- ¿Qué dato les sirve para calcular la cantidad de lápices para 6 bolsitas? ¿Hay una única posibilidad? ¿Por qué? ¿Y en el caso de las 12 bolsitas?
- ¿Qué columnas de la tabla sirven para completar la última columna? ¿Por qué?

2 En la librería compran cajas con carpetas. Completen la tabla.

Cantidad de cajas	1	4	8	9		
Cantidad de carpetas	6				60	120

3 El librero ordena los libros en estantes. Todos los estantes tienen la misma cantidad de libros. Completen la tabla.

Cantidad de estantes	5		50
Cantidad de libros	40	56	

a. Rodeen los cálculos que sirven para calcular el número que hay que escribir en la casilla roja.

5×56 $56 : 8$ $40 + 56$ $5 + 40$

b. Rodeen los cálculos que sirven para calcular el número que hay que escribir en la casilla verde.

$5 + 50$ 50×8 $50 : 5$ $40 - 5$ 40×10

4 ¿Es cierto que en las dos librerías le cobran lo mismo por cada cuaderno? Expliquen cómo lo pensaron.

En todos estos problemas se relacionan dos cantidades y se cumple que al doble de una de las cantidades le corresponde el doble de la otra cantidad, al triple de una le corresponde el triple de la otra, y las cantidades siguen aumentando o disminuyendo manteniendo la misma proporción. Estas variables se relacionan de manera ***directamente proporcional****.*

....

....

....

....

La tabla pitagórica

1 En esta tabla pitagórica se ubican las multiplicaciones de todos los números del 1 al 10.

×	1	2	3	4	5	6	7	8	9	10
1	1	2	3	4	5	6	7	8	9	10
2	2	4	6	8	10	12	14	16	18	20
3	3				15					30
4	4				20					40
5	5				25					50
6	6				30					60
7	7				35					70
8	8				40					80
9	9				45					90
10	10				50					100

a. ¿Es cierto que los resultados de la columna del 10 son el doble de los de la columna del 5? ¿Cómo pueden explicarlo desde las multiplicaciones?

....

....

b. Completen la columna del 2 usando los resultados de la columna del 1. ¿Cómo los usaron?

....

c. Completen la columna del 4 usando los resultados de la columna del 2. ¿Cómo los usaron?

....

d. Terminen de completar la tabla.

2 Lean lo que dice Matías y escriban diferentes formas de hallar los resultados de estas tablas.

Tabla del 6 ....

Tabla del 8 ....

Tabla del 7 ....

Tabla del 9 ....

3 Usen los resultados de la tabla y resuelvan estas cuentas. Anoten las cuentas que usaron y cómo lo hicieron.

a. $8 \times 12 =$ ....
b. $4 \times 30 =$ ....
c. $5 \times 15 =$ ....
d. $8 \times 15 =$ ....
e. $6 \times 11 =$ ....
f. $11 \times 10 =$ ....
g. $12 \times 9 =$ ....
h. $12 \times 18 =$ ....
i. $50 \times 20 =$ ....
j. $6 \times 19 =$ ....

4 Resuelvan los cálculos usando lo que dice Tatiana. Anoten las cuentas que usaron y cómo lo hicieron.

a. $50 \times 30 =$ ....
b. $18 \times 20 =$ ....
c. $28 \times 30 =$ ....
d. $12 \times 40 =$ ....

5 Escriban la cuenta que miran en la tabla pitagórica para resolver estas.

a. $36 : 6 =$ ....
b. $30 : 10 =$ ....
c. $48 : 8 =$ ....
d. $560 : 7 =$ ....
e. $810 : 9 =$ ....
f. $360 : 4 =$ ....

TALLER DE PROBLEMAS

Escriban distintas formas de hallar estas tablas, a partir de las que ya conocen.

a. Tabla del 15
b. Tabla del 12
c. Tabla del 20
d. Tabla del 14
e. Tabla del 11
f. Tabla del 22

Multiplicaciones fáciles

1 **a.** Escriban el resultado de estos cálculos sin hacer las cuentas.

i. $25 \times 10 =$ ....

ii. $25 \times 100 =$ ....

iii. $25 \times 200 =$ ....

iv. $25 \times 40 =$ ....

v. $120 \times 10 =$ ....

vi. $120 \times 30 =$ ....

vii. $150 \times 20 =$ ....

viii. $75 \times 1.000 =$ ....

ix. $2.000 \times 12 =$ ....

b. Escriban en la carpeta las cuentas que les sirvieron para llegar a los resultados.

2 Completen la tabla. Luego, comprueben con la calculadora.

Un número multiplicado por...	10	100	100	100	10	3	50	40	30	50
da...	150	400	4.500	3.800	290	60	250	400	60	2.500
¿Qué número es?										

3 Usen que $42 \times 10 = 420$, $42 \times 100 = 4.200$, $52 \times 10 = 520$ y $52 \times 100 = 5.200$, para escribir el resultado de estas cuentas sin hacerlas. Escriban cómo usaron los cálculos dados.

a. $42 \times 20 =$ ....

....

b. $42 \times 19 =$ ....

....

c. 42×21 ....

....

d. $42 \times 9 =$ ....

....

e. $52 \times 50 =$ ....

....

f. $52 \times 99 =$ ....

....

g. $52 \times 110 =$ ....

....

4 **a.** Lean lo que hicieron los chicos para resolver 45 × 34.

Ema

45 × 34 =
45 × 30 + 45 × 4 =
45 × 3 × 10 + 45 × 2 × 2 =
135 × 10 + 90 × 2 =
1.350 + 180 = 1.530

Pedro

45 × 34 — 45 × 2 = 90
45 × 30 + 45 × 4 = — 45 × 3 = 90 + 45 = 135
1.350 + 180 = 1.530

Luca

```
   45
×  34
-----
  180     45 × 2 = 90     90 × 2 = 180
+
1.350     45 × 3 = 135    45 × 30 = 1.350
-----
1.530
```

PENSEMOS ENTRE TODOS

- ¿Por qué Ema escribe 45 × 30 + 45 × 4? ¿Cómo hace Ema para resolver esa cuenta? ¿Por qué consideran que lo hace de esa manera?
- ¿Qué cálculos hace Pedro para escribir 1.350?
- ¿En qué se parecen y en qué se diferencian las estrategias de Ema y de Pedro?
- ¿Qué cuenta quiere resolver Luca cuando escribe 45 × 2 = 90 y 90 × 2 = 180?
- ¿Y cuando escribe 45 × 3 = 135?
- ¿En qué se parecen y en qué se diferencian las estrategias de Ema y de Luca?
- ¿Cuál de las estrategias les resulta más simple? ¿Cuál les resulta más compleja? ¿Por qué?

5 Resuelvan en la carpeta estas cuentas usando uno de los procedimientos anteriores. Expliquen por qué eligieron ese procedimiento.

a. 48 × 20 = ...
b. 48 × 25 = ...
c. 38 × 24 = ...
d. 48 × 24 = ...
e. 132 × 29 = ...
f. 140 × 30 = ...

6 Usen que 15 × 48 = 720, para resolver estas cuentas. Expliquen cómo usaron el cálculo dado.

a. 15 × 50 = ...
....

b. 14 × 48 = ...
....

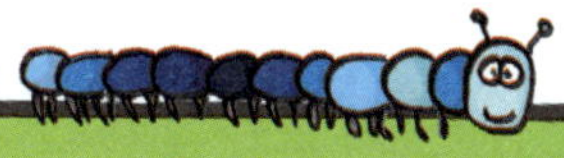

¿A cuánto me acerco?

INSTRUCCIONES:

- Se arman 3 parejas.
- Por turnos, cada pareja saca un número de cada bolsa. Las otras parejas deben escribir una multiplicación que tenga como factor al número del 1 al 10 de la segunda bolsa y cuyo resultado se acerque lo más posible al primero sin pasarse.
- La pareja que primero termina y lo hace correctamente se anota un punto.
- Gana la pareja que suma más puntos luego de 6 rondas.

Por ejemplo:

MATERIALES:

- Papel y lápiz
- Papelitos con números del 50 al 100 en una bolsa
- Papelitos con números del 1 al 10 en otra bolsa

Para ayudarte en el juego muchas veces podés usar la tabla pitagórica que completamos en la página 56.

Después de jugar

1 Estas son algunas jugadas de los chicos. Completen la tabla.

Papel que salió en la primera bolsa	Papel que salió en la segunda bolsa	Cuenta que hay que escribir para ganar	¿A cuánto se acerca del primer número?
89	6		
54	3		
92	7		
99	4		

2 En las bolsas se ponen números más grandes. Completen la tabla en ese caso.

Papel que salió en la primera bolsa	Papel que salió en la segunda bolsa	Cuenta que hay que escribir para ganar	¿A cuánto se acerca del primer número?
122	8		
150	9		
131	16		

3 Usen que $12 \times 10 = 120$, $12 \times 100 = 1.200$ y que $12 \times 1.000 = 12.000$.

a. Respondan a las preguntas. Escriban cómo usaron los datos.

i. ¿180 : 12 da un número mayor, menor o igual que 10?

....

ii. ¿1.500 : 12 da un número mayor, menor o igual que 100?

....

iii. ¿24.000 : 12 da un número mayor, menor o igual que 1.000?

....

b. Completen la tabla. Escriban como usaron las cuentas dadas.

Dividendo	Divisor	Cantidad de cifras que tiene el cociente
254	12	
372	12	
1.400	12	
25.000	12	

....

....

....

....

4 Usen que $14 \times 10 = 140$, $14 \times 100 = 1.400$ y $14 \times 1.000 = 14.000$ para decidir la cantidad de cifras que tiene el cociente de la división de 3.542 por 14. Escriban lo que hacen para decidir.

....

....

5 Completen la tabla sin calcular el cociente y el resto de la división.

Dividendo	Divisor	Cantidad de cifras que tiene el cociente
2.543	24	
352	32	
4.521	22	
3.522	32	
254	24	

Armar rectángulos

1 Juan tiene un rollo de papel cuadriculado de 18 cuadraditos de ancho y tiene que cortar rectángulos sin modificar el ancho. En cada caso escriban cuántos cuadraditos cortará a lo largo para llegar lo más cerca posible a la cantidad de cuadraditos indicada en **a** y **b**. Expliquen cómo lo calcularon.

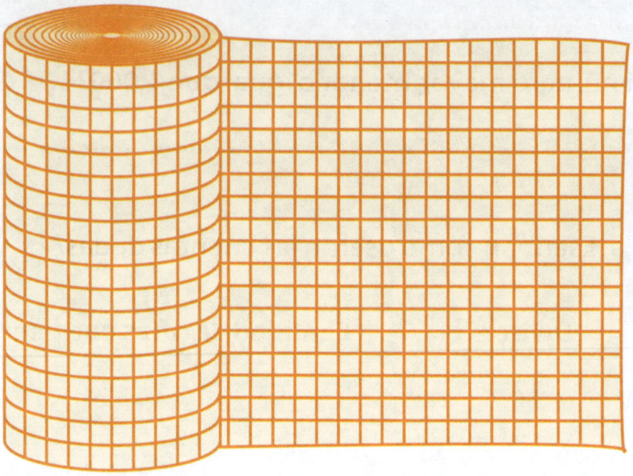

a. 320 cuadraditos.

Respuesta: ....

b. 1.300 cuadraditos.

Respuesta: ....

2 Un grupo de chicos hizo estas cuentas para armar un rectángulo de 22 cuadraditos de ancho que no supere los 5.000 cuadraditos.

$22 \times 10 = 220$
$22 \times 100 = 2.200$
$22 \times 20 = 440$
$22 \times 5 = 110$

a. ¿Cuál es el largo del rectángulo? ....

....

b. ¿De qué manera ayudan esos cálculos para hallar el resultado?

....

3 ¿Cuál es el ancho de un rectángulo que tiene 35 cuadraditos de largo y el total de cuadraditos no supera los 7.500?

Respuesta: ....

4 Los chicos sabían que su rectángulo tenía 24 cuadraditos de ancho y menos de 1.286 cuadraditos en total. Lean lo que hicieron para calcular cuántos cuadraditos tenía de largo.

Luz

Dividendo / restas		Cálculo	Divisor: 24
1.286			24
240	←	10 × 24	10
1.046			+
240	←	10 × 24	10
806			
240	←	10 × 24	10
566			
240	←	10 × 24	10
326			
240	←	10 × 24	10
86			
48	←	2 × 24	2
38			
24	←	1 × 24	1
14			53

Nicolás

Dividendo / restas		Cálculo	Divisor: 24
1.286			24
− 1.200	←	50 × 24	50
86			+
− 72	←	3 × 24	3
14			53

10 × 24 = 240
5 × 24 = 120
50 × 24 = 1.200
3 × 24 = 72

PENSEMOS ENTRE TODOS

- ¿Dónde aparece el 50 de la cuenta de Nicolás en la cuenta de Luz? ¿Y el 1.200?
- ¿Qué cálculos mentales hace Luz para resolver su cuenta? ¿Por qué consideran que los eligió?
- ¿Cómo puede usar Nicolás que 10 × 24 = 240 para resolver 5 × 24?
- ¿Dónde están el 2 y el 1 de la cuenta de Luz en la cuenta de Nicolás?
- ¿Cuántos cuadraditos puede tener el rectángulo de ancho?
- ¿Qué representa el 14 que está al final de las cuentas?
- ¿Cuál de los procedimientos les resultó más fácil? ¿Cuál más difícil? ¿Por qué?

5 Encuentren en la carpeta el cociente y el resto de las divisiones entre estos números usando los procedimientos de Luz o de Nicolás. Escriban las cuentas de multiplicar que usan.

a. 654 y 7 **b.** 856 y 9 **c.** 758 y 15 **d.** 1.645 y 35 **e.** 7.523 y 45 **f.** 6.584 y 32

Acercarse al resultado

1 Marquen una X en el casillero correcto. Escriban cómo hicieron para decidir sin hacer la cuenta.

	El resultado está entre 0 y 100	El resultado está entre 100 y 1.000	El resultado está entre 1.000 y 10.000
54 × 4			
75 × 20			
24 × 40			
26 × 40			
24 × 4			
75 × 40			

2 Rodeen el resultado correcto sin hacer las cuentas. Escriban en la carpeta cómo lo decidieron.

a. 50 × 15

65 | 650 | 750

b. 28 × 32

616 | 896 | 916

c. 75 × 49

3.675 | 2.845 | 6.320

d. 45 × 25

1.150 | 825 | 1.125

e. 350 × 12

3.670 | 4.200 | 362

LA CALCULADORA

ultiplicar y dividir

Matías tiene una calculadora en la que se pueden programar las teclas para que no cionen. Pueden entrar desde www.tintafresca.com.ar a MATINET/CUARTO/ **Números urales** y abrir **La calculadora rota**. Programen las teclas que no funcionan y resuelvan estas ividades.

Cómo pueden resolver estas cuentas en esa calculadora, si no funciona la tecla **8**?

. 8 × 5 = ... ii. 8 × 15 = ...

ii. 20 × 8 = ... iv. 25 × 8 = ...

Cómo pueden resolver estas cuentas en esa calculadora, si no funciona la tecla **5**?

12 × 5 = ... ii. 12 × 15 = ...

. 16 × 5 = ... iv. 16 × 25 = ...

Completen la tabla con las cuentas que realizan en la calculadora para calcular el resto estas divisiones. Usen la calculadora para verificar su propuesta.

Dividendo	Divisor	Cociente	Cuentas	Resto
86	4			
94	8			
220	12			

Usen la calculadora para encontrar el cociente y el resto de estas divisiones. mpleten en cada caso lo que escriben en la calculadora.

ividendo	Divisor	Cálculos propuestos	Cociente	Cálculos propuestos	Resto
258	12				
2.580	110				
452	34				
904	34				
2.580	48				

Guardar figuritas

1 Lucas ordena figuritas en sobres. En todos los sobres quiere poner la misma cantidad de figuritas. Rodeen en la tercera columna de la tabla el número que indica cuántos paquetes puede armar Lucas. Completen luego la última columna.

Figuritas	Cantidad de figuritas por sobre	Cantidad de sobres	¿Sobran figuritas? ¿Cuántas?
79	7	10 - 9 - 11	
790	7	100 - 112 - 140	
95	6	15 - 18 - 10	
190	6	30 - 28 - 31	
245	4	54 - 61 - 60	

2 **a.** Tatiana guarda sus figuritas en cajas. En cada caja guarda la misma cantidad de figuritas. Completen la tabla.

Cantidad de figuritas	Cantidad de figuritas por caja	Cantidad de cajas	Cantidad de figuritas que faltan para llenar una caja más
543	8		
981	7		
1.086	16		
452	10		
4.523	15		
846	9		

b. ¿Qué cálculos realizaron en cada caso para saber cuántas figuritas faltan para llenar una caja más?

....

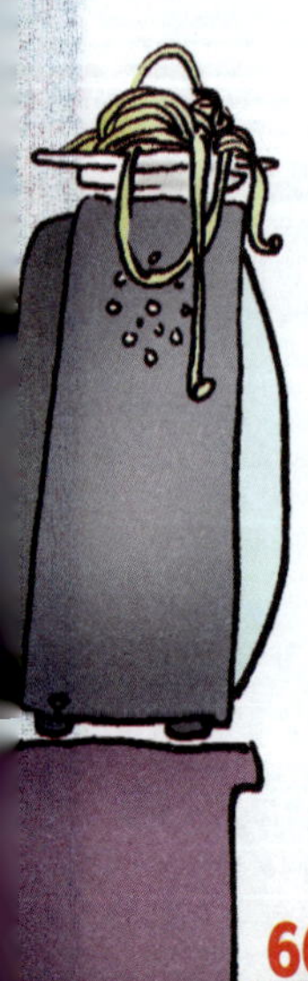

Definiciones

✦ Si dos cantidades se relacionan, de forma tal que al doble de una le corresponde el doble de la otra, al triple de una le corresponde el triple de la otra, y las cantidades siguen aumentando o disminuyendo manteniendo la misma proporción; se dice que las variables se relacionan de manera **directamente proporcional**.

Conclusiones

✦ Si dos cantidades se relacionan de manera directamente proporcional para calcular la unidad de una de ellas se puede hacer una división. Por ejemplo, si con 40 caramelos se arman 8 bolsitas iguales; entonces en una bolsita hay

40 caramelos : 8 bolsitas = 5 caramelos.

✦ Los resultados de multiplicaciones conocidas sirven para resolver otras. Por ejemplo, los resultados de multiplicar un número por 4 son el doble del resultado de multiplicarlo por 2, los resultados de multiplicar por 5 un número son la mitad del resultado de multiplicar ese número por 10 y los resultados de multiplicar un número por 7 se pueden hallar sumando los resultados de multiplicar el mismo número por 4 y 3.

✦ Para calcular multiplicaciones por números que terminan en 9, se pueden usar los resultados de multiplicar por 10. Por ejemplo: $48 \times 9 = 48 \times 10 - 48 = 480 - 48 = 432$.

✦ Para calcular multiplicaciones por números que terminan en 1, se pueden usar los resultados de multiplicar por 10. Por ejemplo: $48 \times 11 = 48 \times 10 + 48 = 480 + 48 = 528$.

✦ Para saber cuántas cifras tiene el cociente de una división y también, para calcularlo, es útil hallar productos del divisor por 10, 100 y 1.000, etcétera. Por ejemplo, como $35 \times 10 = 350$ y $35 \times 100 = 3.500$, entonces el cociente de la división entre 806 y 35 está entre 10 y 100 y por lo tanto, es un número de 2 cifras. Además,

```
 806 | 35
-350 |----
 ---  10
 456 +10
-350   3
 ---  ---
 106  23
-105
 ---
   1
```

y entonces

$35 \times 23 + 1 = 806$.

ACTIVIDADES DE INTEGRACIÓN

1. Una empresa de micros brinda servicios a varias escuelas para traslados en viajes de estudio. Tiene 12 micros con capacidad para 28 personas. Para calcular la cantidad de micros para cada pedido arman esta tabla.

Cantidad de micros	Cantidad de pasajeros que viajan
1	28
2	56
3	84
4	112
5	140
6	168
7	196
8	224
9	252

a. Decidan cuántos micros asignar a cada viaje sin hacer más cuentas. Expliquen cómo hacen para decidir.

i. A San Clemente viajan 96 personas.

ii. A San Juan viajan 42 personas.

iii. Al Calafate viajan 216 personas.

b. ¿Cuántas personas más pueden viajar en cada caso sin usar más micros?

c. 231 pasajeros viajarán a La Quiaca. Cada micro costará $2.926. Dividirán el costo en partes iguales entre los pasajeros. ¿Cuánto pagará cada uno?

2. Calculen mentalmente estos productos. Expliquen cómo los resolvieron.

a. $5 \times 19 =$ **b.** $3 \times 78 =$ **c.** $9 \times 22 =$

d. $7 \times 49 =$ **e.** $30 \times 59 =$ **f.** $8 \times 39 =$

3. Usen que $32 \times 8 = 256$ y $32 \times 16 = 512$ para decidir, sin hacer la cuenta, cuál debería ser el cociente y el resto de la división entre estos números. Escriban cómo usaron los cálculos dados.

a. 256 y 32 **b.** 260 y 8 **c.** 256 y 4

d. 512 y 16 **e.** 512 y 8 **f.** 512 y 64

4. Revisen las estrategias de la página 59 y expliquen, antes de resolver, cuando es necesario usar alguna de ellas y cuando no para hallar el resultado. Luego, resuelvan cada una.

a. $24 \times 20 =$ **b.** $36 \times 19 =$ **c.** $78 \times 31 =$

5. Revisen las estrategias de la página 63 y expliquen, antes de resolver, cuándo es necesario usar alguna de ellas y cuándo no para hallar el cociente y el resto de la división entre estos números. Luego, resuelvan cada una.

a. 72 y 10 **b.** 452 y 100 **c.** 72 y 20

6 Los números fraccionarios

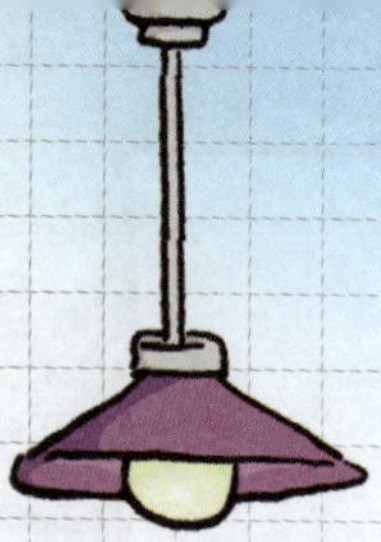

Compras en el supermercado

1 Esta es la góndola del supermercado en la que se venden gaseosas.

a. Lazlo quiere comprar 2 litros de gaseosa. ¿Qué botellas puede llevar?

Respuesta: ....

b. Tatiana quiere llevar 3 litros de gaseosa. Ya compró una botella de $1\frac{1}{2}$ litros. ¿Qué otras botellas puede llevar?

Respuesta: ....

c. Matías lleva 5 botellas de $\frac{1}{2}$ litro de gaseosa. ¿Lleva más o menos de 3 litros?

Respuesta: ....

d. Juan compró 2 botellas de $1\frac{1}{2}$ litros y 5 de $\frac{1}{2}$ litro. ¿Cuántos litros de gaseosa compró en total?

Respuesta: ....

REVISEMOS LOS PROBLEMAS

- ¿Hay varias maneras de que Lazlo haga su compra? ¿Cuáles?
- Escriban otra manera que tiene Tatiana de llevar lo que necesita.

2 Esta es la góndola del supermercado en la que se venden galletitas.

$\frac{1}{4}$ se lee "un cuarto".

$\frac{1}{2}$ se lee "un medio".

$\frac{3}{4}$ se lee "tres cuartos".

$1\frac{1}{2}$ se lee "uno y medio".

a. ¿Cuánto gastará Lucía si lleva 1 kilogramo de galletitas dulces?

Respuesta: ....

b. Matías compra 2 kg de galletitas de agua. ¿Cuánto paga?

Respuesta: ....

c. Joaquín compra $1\frac{1}{2}$ kilogramos de galletitas de agua. ¿Cuánto paga?

Respuesta: ....

d. ¿Es cierto que Tatiana compra más galletitas que Lazlo? ¿Por qué?

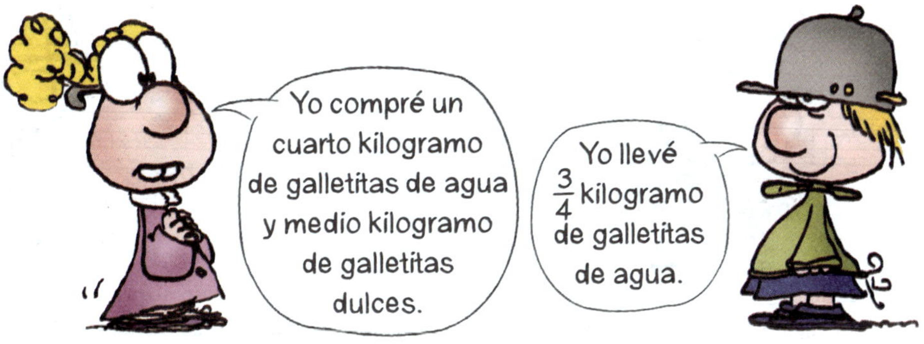

....

....

Partimos y repartimos

1 Sofía compró 21 libros y los quiere repartir en partes iguales entre s
4 hermanos. ¿Cuántos libros le dará a cada uno?

Respuesta: ....

2 Gerardo tiene que repartir 21 hormas de queso en partes iguales entre 4 personas. ¿Cuántas hormas de queso le tocarán a cada persona?

Respuesta: ....

3 Revisen los problemas **1** y **2**. ¿En cuál se puede repartir lo que sobra
¿En cuál no? ¿Por qué consideran que pasa eso?

....

....

4 **a.** Lazlo y Matías compraron 5 chocolates. Quieren repartirlos entre ellos en partes iguales y sin que sobre nada. ¿Cómo pueden hacerlo?

Respuesta: ....

b. Lean lo que dicen los chicos.

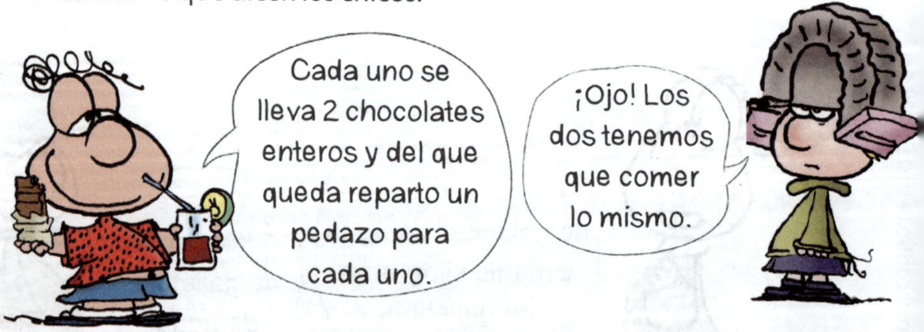

PENSEMOS ENTRE TODOS

- ¿Cómo tiene que cortar Matías el chocolate que queda, para que los dos tengan la misma cantidad?
- ¿Cómo son los pedazos en que se parte el chocolate?
- Si en lugar de repartir los chocolates entre 2 chicos lo reparten entre 4, ¿cuánto le correspondería a cada uno?

5 Lean lo que hicieron los chicos para repartir 23 chocolates entre 4 chicos.

Marcela

Le doy 5 chocolates enteros a cada chico. Me sobran 3. Corto cada uno de los 3 chocolates en 4 partes iguales. Le doy una de esas partes a cada chico.

Lucía

Parto cada uno de los 23 chocolates en 4 partes iguales. Le doy una partecita de cada chocolate a cada chico.

Joaquín

Le doy 5 chocolates enteros a cada chico. Los 3 chocolates que quedan los reparto de esta forma.
Parto 2 chocolates en 2 partes iguales y el tercero en 4 partes iguales.

PENSEMOS ENTRE TODOS

- ¿Cuánto recibe cada chico según cada reparto?
- ¿Es cierto que en todos los casos todos reciben lo mismo? ¿Cómo se dan cuenta?

6 Juan reparte 15 chocolates en partes iguales y sin que sobre nada entre 4 chicos. ¿Puede ser que cada uno reciba 3 chocolates enteros y $\frac{3}{4}$? ¿Cómo se dan cuenta?

Respuesta: ....

En los problemas de estas páginas, los números fraccionarios expresan el resultado de dividir una cantidad por otra.

- *$\frac{1}{2}$ es una cantidad que puesta dos veces forma el entero.*
- *Si al entero se lo divide en cuatro partes iguales, cada parte es $\frac{1}{4}$.*
- *3 de $\frac{1}{4}$ se nombra también $\frac{3}{4}$ y se puede escribir como $\frac{1}{4} + \frac{1}{4} + \frac{1}{4}$.*

Repartir alfajores

1 Tatiana reparte, en partes iguales y sin que sobre nada, algunos alfajores entre algunos chicos. En cada caso, dibujen cómo puede repartirlos y escriban usando números la cantidad que recibe cada uno.

9 alfajores entre 4 chicos.	17 alfajores entre 8 chicos.

2 Matías reparte, en partes iguales y sin que sobre nada, 10 alfajores entre 4 chicos. Dibujen cómo corta los alfajores Matías para encontrar el resultado.

3 Melina reparte en partes iguales y sin que sobre nada 3 alfajores entre 4 chicos. Escriban en la carpeta quiénes reparten bien y expliquen por qué.

4 Juan tiene que repartir en partes iguales y sin que sobre nada 11 alfajores entre 4 chicos. Lean lo que hace Juan para saber cuánto darle a cada uno.

PENSEMOS ENTRE TODOS

- ¿Qué mira Juan para decir que le da 2 alfajores enteros a cada chico?
- ¿Por qué dice Juan que le da $\frac{3}{4}$ de alfajor a cada uno?

5 Para repartir algunos alfajores entre algunos chicos, Gerardo hizo esta cuenta.

a. ¿Cuántos alfajores tenía para repartir? ....

b. ¿Entre cuántos chicos repartió? ....

c. ¿Cuántos alfajores le dio a cada uno? ....

6 La maestra repartió en partes iguales y sin que sobre nada algunos alfajores entre 5 chicos. Todos los chicos recibieron 1 alfajor y $\frac{1}{5}$. ¿Cuántos alfajores tenía para repartir? ¿Por qué?

....

....

7 Ana repartió 7 alfajores entre los chicos en partes iguales y sin que sobre ninguno. Cada uno recibió $\frac{1}{2}$ alfajor. ¿A cuántos chicos les repartió?

....

....

TALLER DE PROBLEMAS

- El profesor de Educación Física repartió en partes iguales y sin que sobre nada algunos alfajores entre algunos chicos. Todos los chicos recibieron 1 alfajor y $\frac{1}{2}$. ¿A cuántos chicos les repartió? ¿Hay una única posibilidad? ¿Cómo se dan cuenta?

Armar enteros

1 Marcela quiere comprar 2 kilogramos de yerba y solamente quedan paquetes de $\frac{1}{2}$ kg. ¿Cuántos paquetes debe comprar?

Respuesta: ....

2 Laura tiene que comprar $4\frac{1}{2}$ kg de café. En la estantería hay paquetes de $\frac{1}{8}$ kg, $\frac{1}{4}$ kg, $\frac{1}{2}$ kg y 1 kg. Escriban tres maneras diferentes en que puede comprar justo.

....

....

....

3 Ángela quiere comprar $2\frac{1}{4}$ kg de mermelada de frambuesa. En la góndola solo quedan estos frascos.

a. ¿Qué frascos debe comprar? ¿Hay una sola posibilidad?

Respuesta: ....

b. Si Ángela quiere comprar la menor cantidad posible de frascos, ¿cuáles debe elegir?

....

c. ¿Se pueden armar los $2\frac{1}{4}$ kg comprando solo frascos de $\frac{1}{8}$ kg y $\frac{1}{4}$ kg? ¿Hay más de una respuesta? Escríbanlas.

....

....

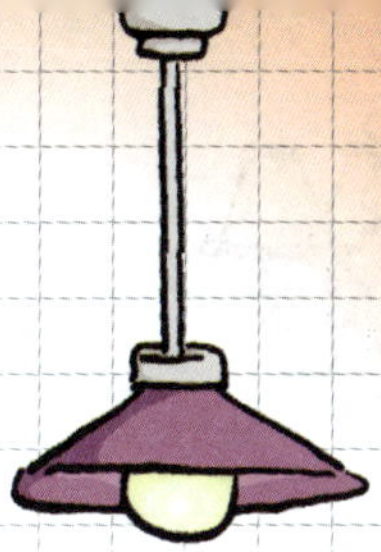

4 Completeen las frases.

.... de $\frac{1}{2}$ forman 1 entero. **b.** .... de $\frac{1}{4}$ forman 1 entero.

.... de $\frac{1}{8}$ forman 1 entero. **d.** .... de $\frac{1}{4}$ forman $\frac{1}{2}$.

5 ¿Es posible formar 1 entero usando quintos? ¿Y tercios?

....

....

6 Bianca y Florencia quieren comprar cacao.
Completen la tabla.

Si los paquetes tienen…	y quieren comprar 1 kg necesitan…	y quieren comprar 2 kg necesitan…	y quieren comprar 4 kg necesitan…
$\frac{1}{2}$ kg			
$\frac{1}{3}$ kg			
$\frac{1}{4}$ kg			
$\frac{1}{6}$ kg			
$\frac{1}{8}$ kg			

Florencia necesita comprar 3 kg de cacao. ¿Cuántos paquetes de $\frac{1}{4}$ kg tiene ıe comprar? ¿Y de $\frac{1}{2}$ kg? ¿Y de $\frac{1}{8}$ kg?

espuesta: ....

PENSEMOS ENTRE TODOS

- Si mantienen el tamaño de los paquetes y aumenta la cantidad de cacao que usan, ¿necesitan más o menos paquetes de cacao? ¿Por qué?
- Si quieren comprar 3 kg de cacao pero compran paquetes cada vez más chicos, ¿necesitan más o menos paquetes? ¿Por qué?

Las tiras

1 Usen esta tira como unidad de medida. 

a. Dibujen lo pedido en cada caso.

✦ Una tira que mida 3 unidades de medida.

✦ Una tira que mida $\frac{1}{4}$ de la unidad de medida.

✦ Una tira que mida $2\frac{1}{2}$ unidades de medida.

b. ¿Es cierto que esta tira mide $\frac{3}{4}$ de la unidad?

....

c. ¿Es cierto que esta tira mide $\frac{3}{2}$ de la unidad? ¿Por qué?

....

....

2 Rodeen con el mismo color las figuras que tienen sombreada la misma parte. Expliquen cómo lo pensaron.

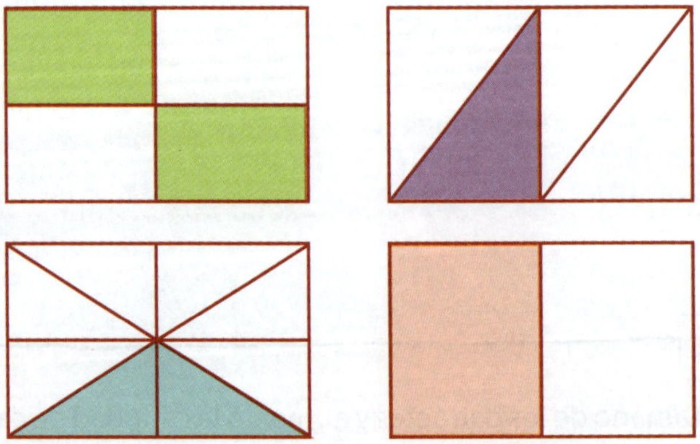

....

....

3 Lean lo que dice Matías. ¿Están de acuerdo? ¿Por qué?

....

....

4 **a.** Pinten $\frac{1}{4}$ de este rectángulo.

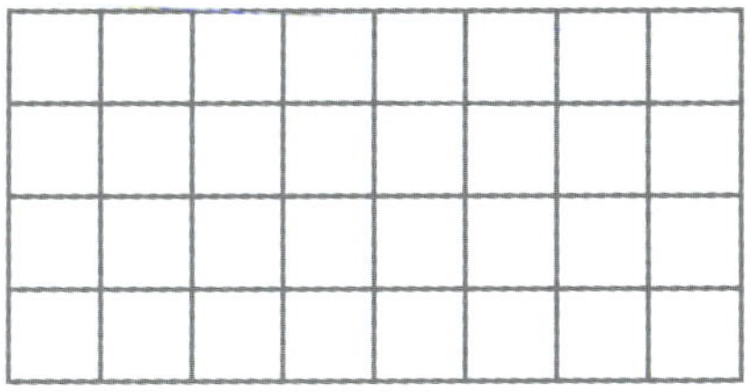

b. ¿Cuántos cuadraditos deberían pintar para que quede sombreado $\frac{1}{2}$ del rectángulo? ¿Y $\frac{1}{8}$ del rectángulo?

....

5 **a.** Pinten el rectángulo de Tatiana como ella dice.

b. ¿Cuántos cuadraditos pintó Lazlo? ....

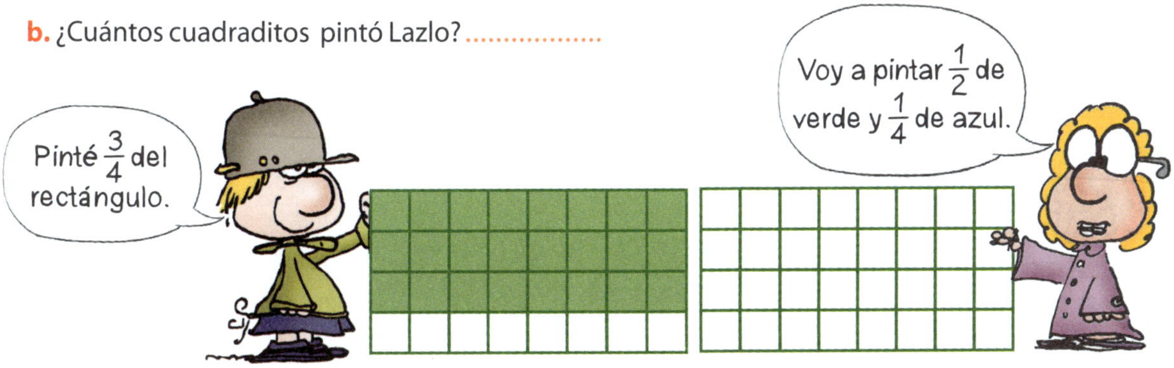

PENSEMOS ENTRE TODOS

- ¿Es cierto que los dos pintaron la misma parte del rectángulo? ¿Por qué?
- ¿Todos pintaron el rectángulo de Tatiana de la misma manera? ¿Por qué?
- ¿Cuántos cuadraditos forman el rectángulo grande?
- ¿Cuántos cuadraditos pintaron de cada color?
- ¿Cómo escribirían como fracción la parte que pintaron?
- ¿Cuántos cuadraditos forman $\frac{1}{4}$ del rectángulo?

6 Escriban un número fraccionario que represente la parte del rectángulo sombreado en cada caso.

a.

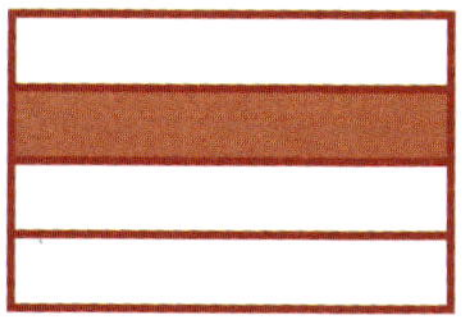

....

b.

....

c.

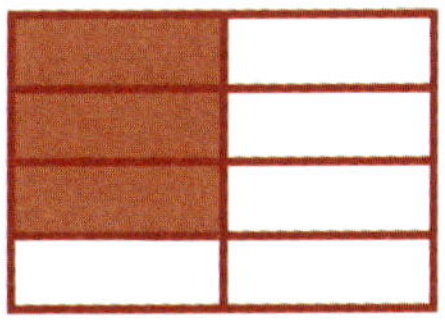

....

LOS MENSAJES

JUEGO GRUPAL

INSTRUCCIONES:

- Se organizan en grupos de 4 integrantes.
- Cada grupo se divide en dos subgrupos. Cada subgrupo dibuja una tira marrón en la hoja blanca. Posteriormente debe escribir un mensaje en la otra hoja que indique las instrucciones para que otro grupo pueda realizar la misma tira. Para incluir en el mensaje solo pueden usar como referencia las tiras roja y azul.
- Terminado el tiempo se intercambian los mensajes. Cada subgrupo debe dibujar la tira siguiendo las instrucciones. Si las tiras coinciden, el grupo se anota 1 punto.
- Gana el grupo que tiene más puntos luego de 5 rondas.

MATERIALES:

- Regla no graduada
- Hojas blancas
- Hojas de carpeta
- Dos tiras como estas

DESPUÉS DE JUGAR

1 Escriban un mensaje para que el otro grupo dibuje esta misma tira sin verla.

....

....

....

2 Observen estas tiras y respondan las preguntas.

a. ¿Cuánto mide la tira roja si se usa como unidad la tira verde? ....

b. ¿Cuánto mide la tira roja si se usa como unidad la tira azul? ....

c. Una tira marrón mide 3 veces la tira azul. ¿Cuánto mide la tira verde si se toma como unidad de medida la tira marrón? ....

MATICHETE

Definiciones

- Un **número fraccionario** expresa el resultado de dividir una cantidad por otra. Por ejemplo, si al entero se lo divide en cuatro partes iguales, cada parte es $\frac{1}{4}$ y se lee "un cuarto".

- Una **fracción** es una parte de un entero. Por ejemplo, $\frac{1}{4}$ es una cantidad que, repetida 4 veces, forma un entero.

- $\frac{1}{4}$ se lee "un cuarto", $\frac{1}{2}$ se lee "un medio", $\frac{3}{4}$ se lee "tres cuartos" y $1\frac{1}{2}$ se lee "uno y medio".

Conclusiones

- Los números fraccionarios sirven para expresar medidas de peso y capacidad.

- Para repartir una cantidad en partes iguales, una posibilidad es usar la cuenta de dividir.

- Si tenemos una cantidad para repartir equitativamente entre varios, podemos repartir de distintas formas y obtenemos repartos equivalentes.

- Las fracciones son útiles para resolver problemas de reparto y de medida.

- El entero puede armarse de distintas maneras. Por ejemplo:
  - 2 de $\frac{1}{2}$ forman 1 entero,
  - 4 de $\frac{1}{4}$ forman 1 entero,
  - 8 de $\frac{1}{8}$ forman 1 entero.

- Podemos componer cantidades usando números fraccionarios. Por ejemplo: $\frac{1}{2}$ puede escribirse como $\frac{1}{4} + \frac{1}{4}$.

ACTIVIDADES DE INTEGRACIÓN

1. ¿En cuáles de estos problemas el resto se puede seguir repartiendo? En los casos que se puede escriban cómo harían el reparto.

a. Rosa tiene $25 para repartir entre sus 4 nietos. Si quiere darle a cada uno la misma cantidad, ¿cuánto le corresponderá a cada uno?

b. Luciano tiene 98 libros para repartir entre sus 4 amigos. Si quiere darle a todos la misma cantidad, ¿cuántos libros recibirá cada uno?

c. Enzo preparó 14 litros de jugo de naranja para su fiesta de cumpleaños. Quiere poner la misma cantidad de jugo en 4 bidones. ¿Cuánto jugo pondrá en cada uno?

2. Lazlo quiere comprar $3\frac{3}{4}$ kg de yerba usando solo paquetes del mismo tamaño.

a. Rodeen el peso que pueden tener esos paquetes para realizar la compra.

$\frac{1}{4}$ kg | $\frac{1}{3}$ kg | $\frac{1}{6}$ kg | $\frac{1}{8}$ kg | $\frac{1}{5}$ kg

b. Escriban en cada caso cuántos paquetes de cada clase usarían. Si no se puede, expliquen por qué.

3. Escriban un número fraccionario que represente la parte sombreada de este cuadrado.

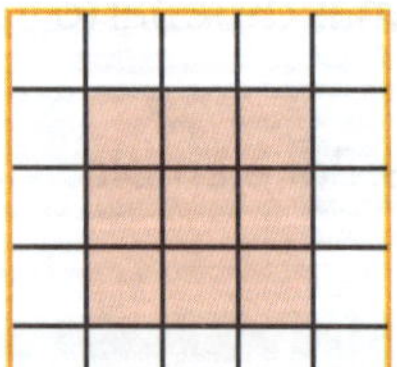

4. Marcos repartió 13 pizzas en partes iguales y sin que sobre nada, entre 4 chicos. Para saber cuánto darle a cada uno hizo esta cuenta.

$$\begin{array}{r|l} 13 & 4 \\ -12 & 3 \\ 1 & \end{array}$$

a. ¿Cuántas pizzas enteras da cada uno?

b. ¿Cuánta pizza recibe cada uno?

5. Laura repartió 15 pizzas entre algunos amigos. Todos recibieron $2\frac{1}{7}$ de pizza.

a. Completen la cuenta.

$$\begin{array}{r|l} 15 & \end{array}$$

b. ¿Entre cuántos amigos se repartió? ¿Hay una sola opción? ¿Cómo se dan cuenta?

6. Consideren la tira azul como unidad de medida.

a. Una tira roja mide 2 veces la tira unidad azul. Dibujen una tira que mida 2 tiras rojas.

b. Una tira verde mide $\frac{1}{2}$ de la tira unidad azul. Dibujen una tira que mida $\frac{1}{2}$ de la tira verde y una que mida $\frac{1}{4}$ de la tira verde.

7. Lucía y Pablo tienen que comprar 9 litros de agua. En el supermercado encontraron botellas de 1 litro, de $1\frac{1}{2}$ litros, de $2\frac{1}{4}$ litros y de $\frac{1}{2}$ litro.

a. ¿Botellas de qué capacidad tienen que comprar si quieren llevar la menor cantidad posible?

b. Si compran 2 botellas de $2\frac{1}{4}$ litros, ¿qué otras botellas tienen que llevar?

8. Consideren la tira azul como unidad de medida y calculen la medida de las otras tiras.

9. Esta tira verde representa $\frac{2}{5}$ de una tira tomada como unidad. Dibujen la tira unidad.

7 Las figuras planas

Los triángulos

1 **a.** Los puntos A y B están separados 10 cm. Dibujen un punto del plano que esté a 5 cm de A y a 7 cm de B. Pueden usar regla graduada y compás.

b. Escriban cómo hicieron para encontrarlo. Redacten una nota para explicarle a un compañero cómo están seguros que es el punto pedido.

....

....

....

....

....

REVISEMOS LOS PROBLEMAS

¿Hay algún otro punto? ¿Cuántos? ¿Cómo pueden estar seguros que no hay otros?

2 Llamen C a uno de los puntos que encontraron en la actividad **1. a**.
Completen la frase.

La figura ABC tiene .... lados, ... ángulos y .... vértices.

La figura se llama ....

3 **a.** Dibujen en una hoja lisa dos puntos A y B a 10 cm de distancia.
Marquen dos puntos C y D que estén a 3 cm de A y a 7 cm de B.

b. Lean lo que piensa Tatiana. ¿Por qué no encuentra el punto D?

....

....

....

c. ¿Los puntos A, B y C forman un triángulo? ¿Por qué?

....

....

....

d. ¿Por qué Lazlo no encuentra el punto?

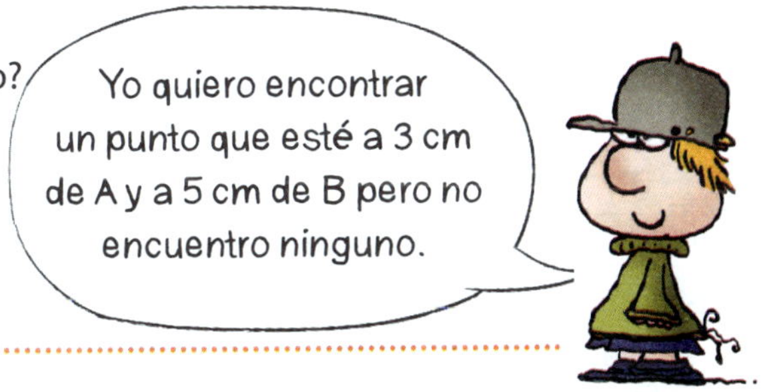

....

....

....

COMPUTADORA

Entren a tintaf.com.ar/geogebra/ y busquen el archivo "Copiar el triángulo".

- Construyan un triángulo igual a ABC que tenga vértice D. Escriban los pasos que hacen y las herramientas que usan.
- Muevan los vértices B y C. ¿La figura sigue siendo un triángulo igual a ABC? Si no es así, vuelvan a realizar la construcción.

APRENDER CON LA COMPUTADORA

Construir triángulos

1. ¿Están de acuerdo con Juan? ¿Por qué?

....

....

2. a. Escriban los pasos que debe seguir Lazlo para construir en una hoja lisa un triángulo con lados de 8 cm, 6 cm y 5 cm usando solo regla graduada y compás.

....

....

....

b. Escriban los pasos que debe seguir Lazlo para hacer la misma construcción en GeoGebra.

....

....

....

3. a. Entren a tintaf.com.ar/geogebra/ y busquen el archivo "Construir triángulos dados los lados".

b. Construyan un triángulo que tenga extremo en G y sus lados de igual medida que $\overline{AB}$, $\overline{CD}$ y $\overline{EF}$. Escriban los pasos que hacen y las herramientas que usan.

....

....

c. Muevan los puntos B, D y F. ¿La figura sigue verificando lo pedido? Si no es así, vuelvan a realizar la construcción.

d. Comparen sus procedimientos con los de sus compañeros.

4. a. Lean los procedimientos que hicieron Lazlo y Tatiana para resolver la actividad **3**.

Lazlo

i. Medir el segmento más largo usando la herramienta *Distancia* o *longitud* [cm].
ii. Dibujar un segmento con esa medida y extremo G usando la herramienta *Segmento de longitud dada* [a].
iii. Medir el segmento intermedio usando la herramienta *Distancia* o *longitud*.
iv. Dibujar una circunferencia con centro en G que tenga por radio la medida del segmento intermedio usando la herramienta *Circunferencia (centro, radio)*.
v. Medir el segmento más corto usando la herramienta *Distancia* o *longitud*.
vi. Trazar una circunferencia con centro en el otro extremo del segmento largo y que tenga por radio la medida del segmento más corto usando la herramienta *Circunferencia (centro, radio)*.
vii. Marcar el punto en común de las dos circunferencias usando la herramienta *Intersección*.
viii. Trazar el triángulo con vértices en los dos extremos del segmento largo y en el punto de intersección anterior, usando la herramienta *Polígono*.

Tatiana

i. Trazar una semirrecta de origen G usando la herramienta *Semirrecta*.
ii. Trazar una circunferencia con centro en el origen de la semirrecta y que tiene por radio la medida del segmento más largo. Para el trazado usar la herramienta *Compás*.
iii. Marcar el punto de intersección entre la circunferencia y la semirrecta usando la herramienta *Intersección*.
iv. Trazar el segmento con extremos en G y en punto de intersección anterior usando la herramienta *Segmento*.
v. Ocultar la semirrecta y la circunferencia usando la herramienta *Objeto (in)visible*.
vi. Trazar una circunferencia con centro en G que tenga radio igual a la medida del segmento intermedio.
vii. Trazar una circunferencia con centro en el otro extremo del segmento largo y que tenga radio igual a la longitud del segmento pequeño.
viii. Marcar el punto de intersección entre las dos circunferencias.
ix. Unir los dos extremos del segmento más largo con uno de los puntos de intersección de las circunferencias usando la herramienta *Polígono*.
x. Ocultar las dos circunferencias.

b. ¿Cuál de los procedimientos es correcto? ¿Por qué? ....

....

c. Realicen en GeoGebra las construcciones. Muevan los extremos de los segmentos dados.

¿Qué pasa con los triángulos al mover los extremos? ¿Por qué? ....

....

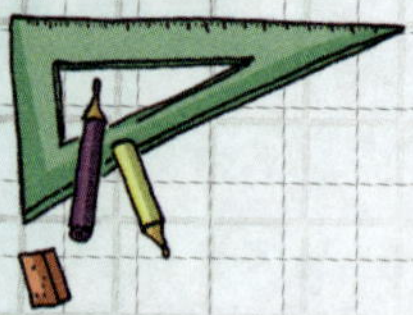

Los ángulos de los triángulos

1 Escriban en la carpeta las instrucciones que le darían a un compañero para que construya este triángulo.

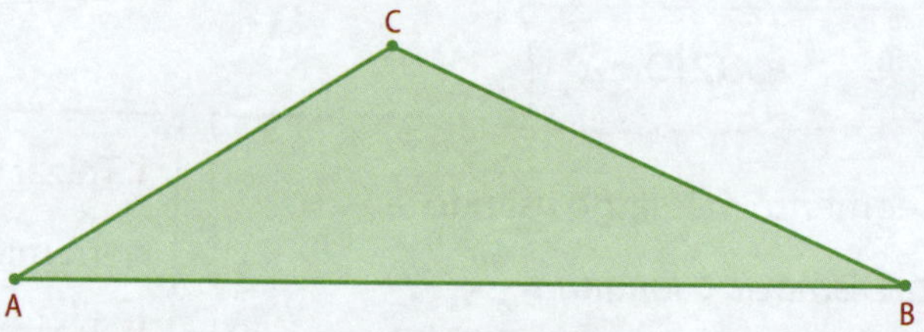

2 Sigan las instrucciones de Tatiana para copiar en una hoja lisa la figura de la actividad **1**. ¿Queda igual a la original?

Tatiana

i. Trazar un segmento de 8 cm. Llamar A y B a los extremos.
ii. Trazar una circunferencia con centro en B de 5 cm de radio.
iii. Trazar una circunferencia con centro en A de 4 cm de radio.
iv. Llamar C a uno de los puntos de intersección de las circunferencias.
v. Unir C con A y B.

Los ángulos de una figura que tienen vértices consecutivos se llaman ángulos consecutivos.

....

3 a. Sigan las instrucciones de Lazlo para copiar en una hoja lisa la figura de la actividad **1**. ¿Queda igual que la original?

Lazlo

i. Trazar un segmento de 8 cm. Llamar A y B a los extremos.
ii. Trazar un ángulo de 31° con vértice A de modo que la semirrecta $\overrightarrow{AB}$ sea uno de sus lados.
iii. Trazar un ángulo de 24° con vértice B de modo que la semirrecta $\overrightarrow{BA}$ sea uno de sus lados.
iv. Llamar C al punto donde se cruzan los otros lados de los ángulos.
v. Unir C con A y B.

....

b. ¿Qué datos podemos dar en un triángulo para dibujarlo igual que el dado?

....

4 Para decidir si se puede construir el triángulo con los datos pedidos, cada chico dibuja un segmento y los ángulos pedidos en los extremos. Indiquen, en cada caso, si van a poder construir el triángulo. Expliquen por qué.

a. Un segmento de 5 cm y dos ángulos rectos.

b. Un segmento de 5 cm y ángulos de 30° y 150°.

c. Un segmento de 5 cm y ángulos de 20° y 160°.

d. Un segmento de 5 cm y ángulos de 60° y 130°.

5 Para realizar un triángulo, Juan dibujó un segmento de 5 cm y uno de sus ángulos de 140°. ¿Qué medida le podrá dar al otro lado para obtener un triángulo?

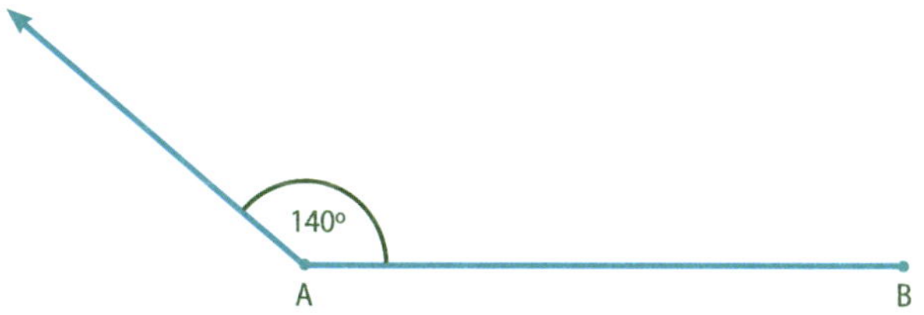

6 ¿Cuánto deben sumar las medidas de los ángulos marcados en esta figura para que se pueda formar el triángulo?

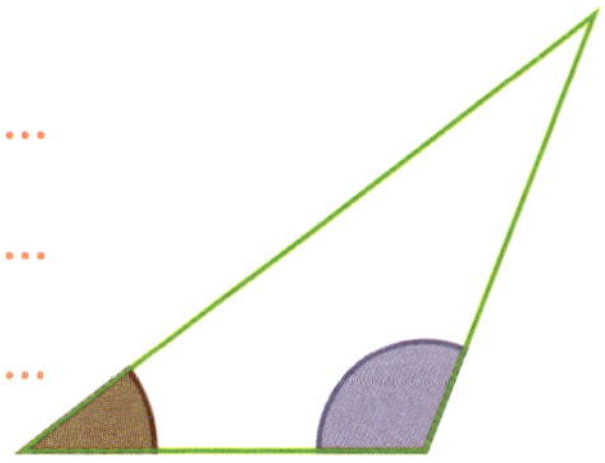

Si dos rectas cortan a una tercera con ángulos que suman 180° entonces son paralelas entre sí.

REVISEMOS LOS PROBLEMAS

- ¿Qué pasa si los dos ángulos suman más de 180°? ¿Y si suman 180°?
- ¿Cómo debe ser la suma de los dos ángulos para que se pueda construir el triángulo?

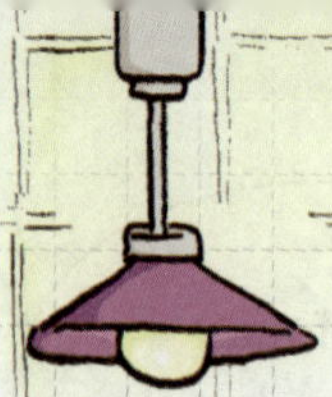

Los cuadriláteros

1 Escriban las instrucciones para realizar cada una de estas figuras en papel liso sin verlas.

a.

....

....

....

....

b.

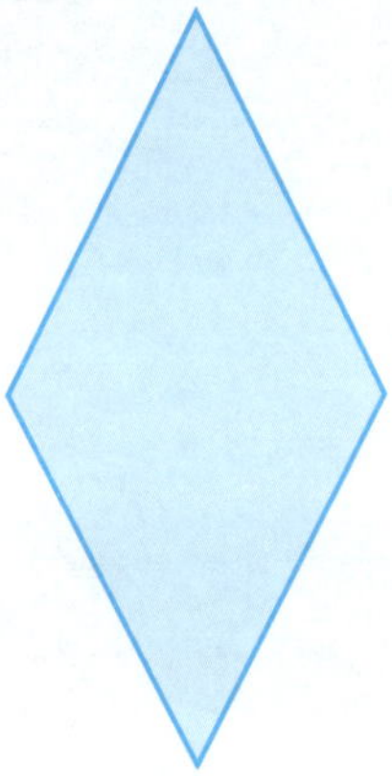

....

....

....

....

....

....

2 ¿Cómo son los lados opuestos de estas figuras? ¿Por qué?

....

....

3 ¿Cuánto deben sumar los ángulos consecutivos de un paralelogramo?

....

....

4 Escriban las instrucciones necesarias para realizar estas figuras.

a.

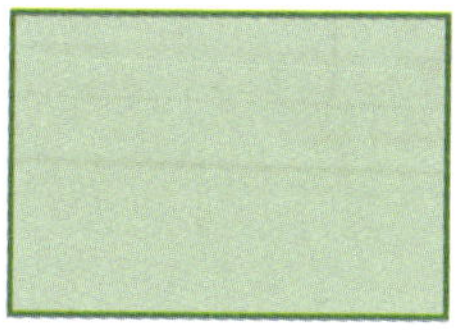

....

....

b.

....

....

PENSEMOS ENTRE TODOS

- Lean lo que dicen Lazlo y Tatiana. ¿Quién tiene razón? ¿Por qué?

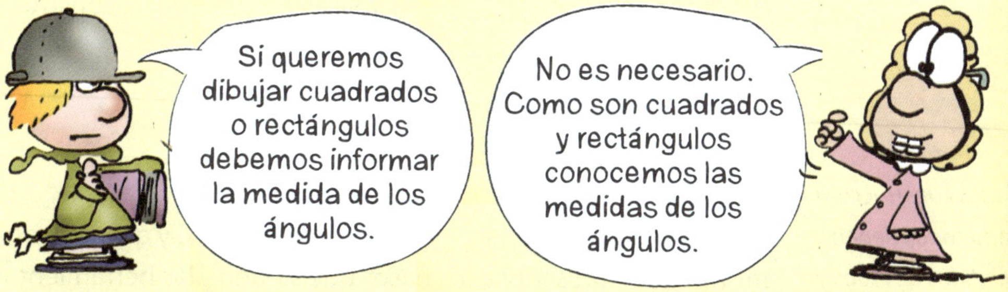

- Lean lo que dicen los chicos. ¿Quién tiene razón? ¿Por qué?

- ¿Cómo son los lados de un cuadrado? ¿Y los ángulos?
- ¿Cómo son los lados de un rectángulo? ¿Y los ángulos?

APRENDER CON LA COMPUTADORA

Figuras con la compu

Los archivos que se usan en estas actividades pueden bajarse de tintaf.com.ar/geogebra/.

1. a. Busquen el archivo "Construir cuadrados".
b. Construyan un cuadrado que tenga vértice C y sus lados midan lo mismo que $\overline{AB}$. Escriban los pasos que siguen y las herramientas que usan.

c. Muevan el punto B. ¿La figura construida sigue cumpliendo las condiciones pedidas? Si no es así, vuelvan a realizar la construcción.
d. ¿Es única la construcción? ¿Cómo se dan cuenta?

Decimos que una construcción es única cuando todas tienen las mismas medidas de lados y de ángulos.

2. a. Busquen el archivo "Construir rectángulos 1".
b. Construyan un rectángulo que tenga vértice C y que un lado mida lo mismo que $\overline{AB}$. Escriban los pasos que siguen y las herramientas que usan.

c. Muevan el punto B. ¿La figura construida sigue cumpliendo las condiciones pedidas? Si no es así, vuelvan a realizar la construcción.
d. ¿Es única la construcción? ¿Cómo se dan cuenta?

3. Realicen estas figuras con GeoGebra. Anoten en la carpeta los pasos que siguieron y compárenlos con los de sus compañeros.

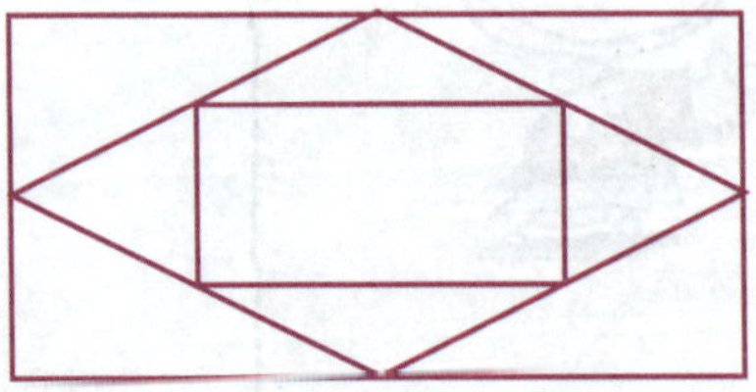

Figura 1

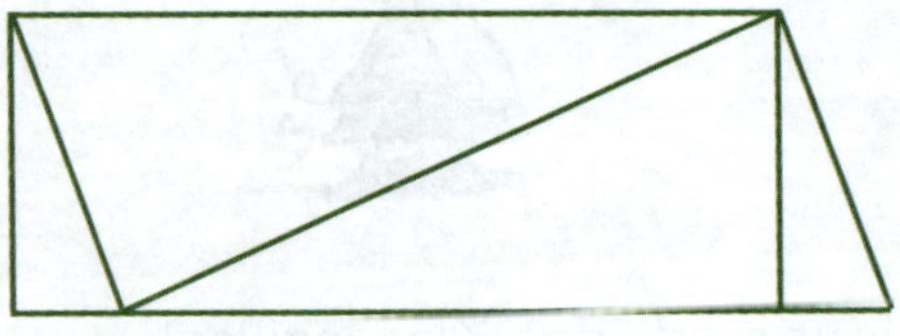

Figura 2

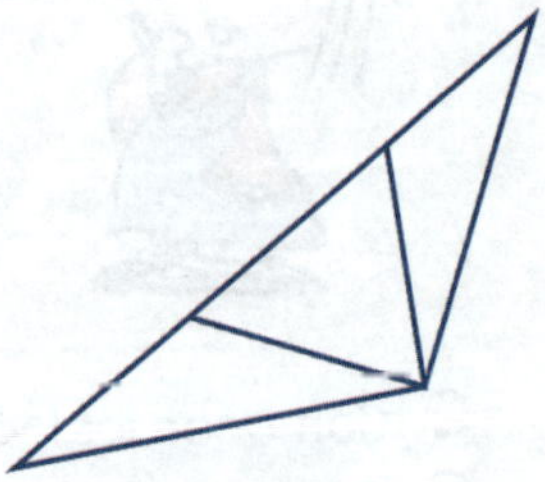

Figura 3

Definiciones

- Dos ángulos interiores a una figura plana se llaman **ángulos consecutivos** si poseen vértices consecutivos.
- Un **triángulo** es una figura cerrada de 3 lados que son segmentos.
- Un **cuadrilátero** es una figura cerrada de 4 lados que son segmentos.
- Un **paralelogramo** es un cuadrilátero que tiene 2 pares de lados paralelos.
- Un **rectángulo** es un cuadrilátero que tiene 4 ángulos rectos.
- Un **cuadrado** es un rectángulo con 4 lados iguales.

Conclusiones

- Para copiar un triángulo es suficiente dibujar:
  - otro que tenga la misma medida de los lados;
  - otro que tenga un lado y los ángulos de sus extremos de la misma medida.
- Para copiar un triángulo no es suficiente dibujar otro que tenga los ángulos de la misma medida.
- Un triángulo tiene a lo sumo un ángulo recto.
- Dos ángulos consecutivos de un triángulo suman siempre menos que 180º.
- En todo paralelogramo los ángulos consecutivos suman 180°.
- Para dibujar un rectángulo no es suficiente con informar la medida de un lado, es necesario también informar la de uno de sus lados consecutivos.
- En un rectángulo los lados enfrentados miden lo mismo.

ACTIVIDADES DE INTEGRACIÓN

1. Copien en una hoja lisa estas figuras.

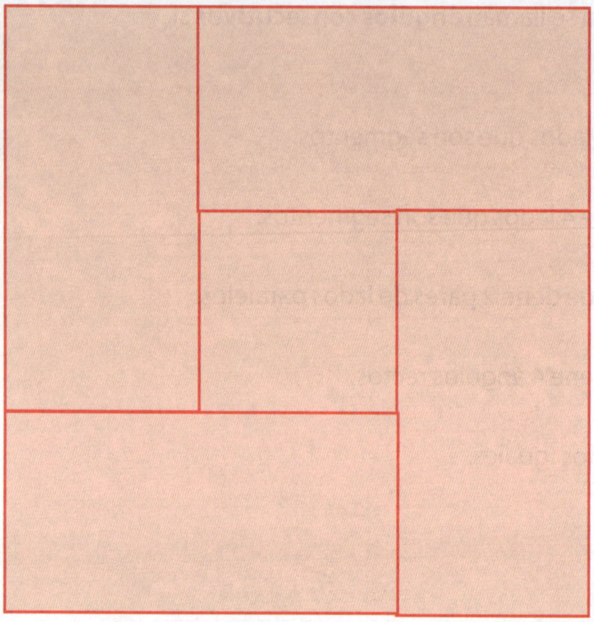

Figura 1

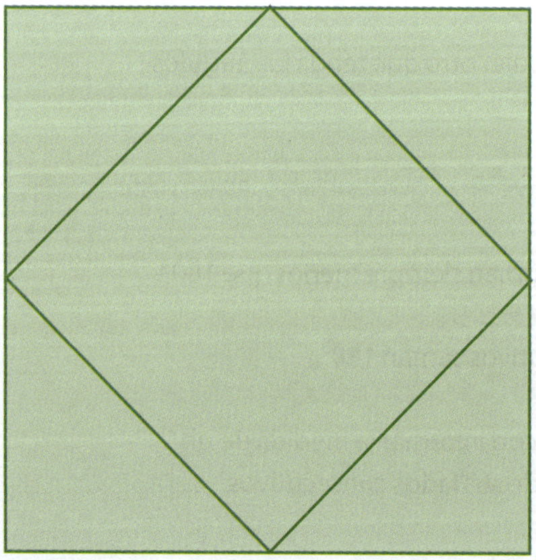

Figura 2

2. Escriban las instrucciones necesarias para realizar esta figura.

3. Construyan las figuras pedidas en hoja lisa. Usen solo regla y compás. Escriban los pasos que siguen.

a. Un triángulo con lados de 6 cm, 7 cm y 10 cm.

b. Un triángulo con un lado de 6 cm y los ángulos que se apoyan sobre él de 35° y 70°.

c. Un cuadrado de 5 cm de lado.

d. Un rectángulo con lados de 6 cm y 8 cm.

4. Florencia quiere construir un triángulo con un lado de 8 cm y un ángulo que se apoya sobre él de 150°. ¿Cuánto puede medir el otro lado que se apoya sobre el segmento?

5. ¿Puede construir Lucas un triángulo con dos ángulos interiores de 120°? ¿Por qué?

6. Escriban las instrucciones necesarias para construir un triángulo con los tres lados de 5 cm.

8 Propiedades y operaciones con números fraccionarios

Con figuras

1 Esta tira mide $\frac{1}{3}$ de una tira unidad. Dibujen la tira unidad.

2 Esta tira mide $\frac{3}{5}$ de una tira unidad. Dibujen la tira unidad.

3 Manuela adorna unos frascos con cintas. Esta cinta representa $\frac{1}{2}$ de la que necesita para cada frasco. ¿Cuál es el tamaño de la cinta que necesita?

....

4 Para bordear con cinta el rectángulo azul, Matías usa la tira verde.

a. ¿Están de acuerdo con Matías?

....

....

b. ¿Cuánto mide la base del rectángulo si se toma como unidad de medida la tira verde?

....

c. ¿Cuánto mide la altura del rectángulo si se toma como unidad de medida la tira verde?

....

5 Este cuadrado representa $\frac{1}{4}$ de un entero. Lean lo que hicieron los chicos. 

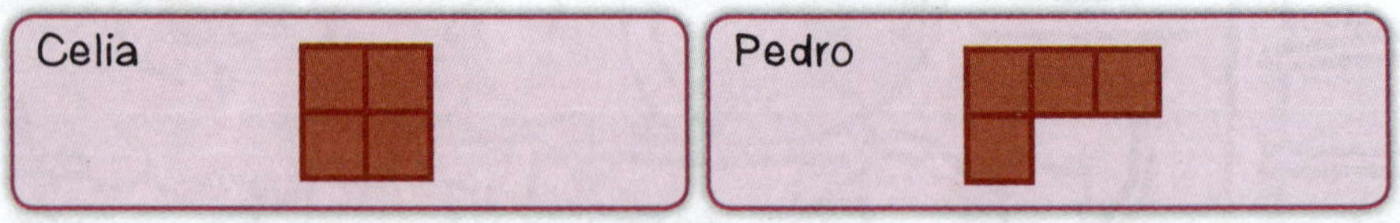

¿Quién de los dos resolvió correctamente el problema? ¿Por qué?

....

6 Este triángulo representa $\frac{1}{4}$ de un entero. Dibujen el entero de dos maneras distintas.

7 Este rectángulo representa $\frac{2}{3}$ de un entero. Dibujen el entero. ¿Hay una única respuesta? ¿Por qué?

8 Esta figura representa $\frac{2}{5}$ de un entero. Dibujen el entero de dos maneras distintas.

REVISEMOS LOS PROBLEMAS

- ¿Cómo hicieron para armar el entero en la actividad **7**? ¿Qué decisiones tomaron?
- ¿Y en la actividad **8**?

La merienda de Lucía

1 Lucía invitó a sus amigas a tomar el té. Preparó 15 alfajores. Comieron la tercera parte. ¿Cuántos alfajores comieron?

Respuesta: ....

2 Mari trajo una bolsita con 10 caramelos para compartir. Las chicas comieron $\frac{1}{2}$ de la bolsita. ¿Cuántos caramelos comieron?

Respuesta: ....

3 Lucía comió $\frac{1}{4}$ de las masitas que cocinó. Sobraron 3 masitas. ¿Cuántas masitas cocinó?

Respuesta: ....

4 12 bombones son $\frac{1}{3}$ de los bombones que trajo Paula. ¿Cuántos bombones trajo?

Respuesta: ....

5 Ana trajo 48 confites. $\frac{1}{4}$ eran azules y $\frac{1}{6}$ eran verdes. Los demás eran amarillos. ¿Cuántos confites eran amarillos?

Respuesta: ....

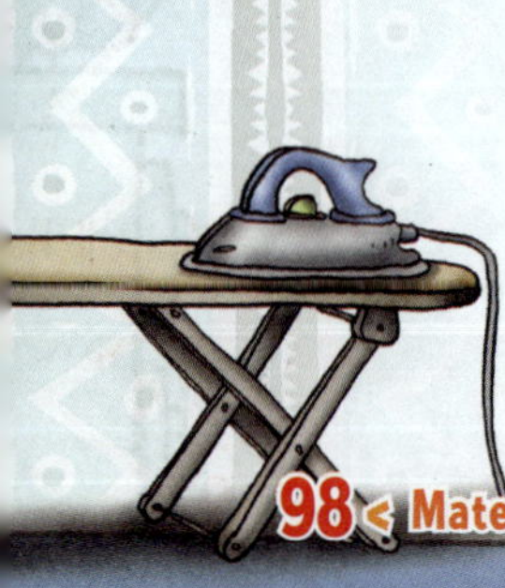

La fracción para expresar una parte de una colección

6 El papá de Luli armó 24 sándwiches. $\frac{1}{4}$ de los sándwiches son de queso y el resto de jamón. ¿Cuántos sándwiches de cada tipo armó?

Respuesta: ....

7 Estas son las galletitas que trajo Barbi. Ella comió $\frac{1}{5}$. Rodeen las galletitas que comió Barbi.

8 Estos son $\frac{2}{3}$ de los chupetines que trajo Manu. ¿Cuántos chupetines trajo?

Respuesta: ....

9 La abuela de Lucía trajo algunas empanadas. Las 18 empanadas de carne representan $\frac{3}{5}$ de todas las empanadas. ¿Cuántas trajo?

Respuesta: ....

Repartir de distintas formas

1 Los chicos querían repartir 6 tartas entre 4 personas, de manera tal que todos reciban la misma cantidad y no sobre nada. Observen lo que hizo cada uno y escriban cuánto le toca a cada persona en cada caso.

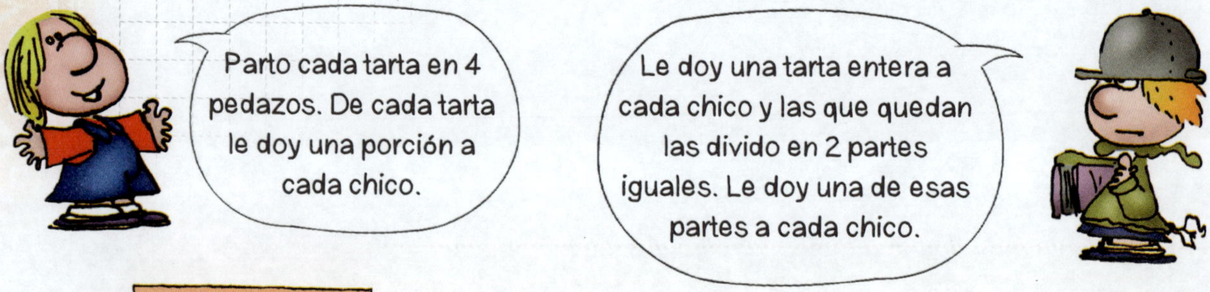

PENSEMOS ENTRE TODOS

- ¿Cómo se puede escribir lo que recibe cada uno según el reparto de Juan? ¿Y según el reparto de Lazlo?
- ¿Es cierto que de las dos maneras todos los chicos reciben lo mismo? ¿Cómo puede ser esto posible?
- ¿Habrá otra manera de repartir? ¿Cuál?

2 Juan repartió en partes iguales 14 chocolates entre 6 chicos y no sobró nada. Rodeen las expresiones que representan lo que recibió cada uno. Expliquen en la carpeta cómo hicieron el reparto en cada caso.

$\frac{14}{6}$ $\frac{7}{3}$ $2 \text{ y } \frac{1}{3}$ $1 \text{ y } \frac{8}{6}$ $\frac{7}{6}$ $1+\frac{1}{2}+\frac{2}{3}+\frac{1}{6}$

3 **a.** Estos cuadrados son todos iguales. Escriban qué fracción del cuadrado representa lo sombreado en cada caso.

i. .... **ii.** .... **iii.** .... **iv.** .... **v.** ....

b. ¿Es cierto que en todos los cuadrados está pintada la misma cantidad? ¿Cómo pueden estar seguros?

....

....

Escrituras equivalentes en situaciones de reparto.

4 ¿Están de acuerdo con lo que dice Lazlo? ¿Por qué? Representen gráficamente lo que comió cada uno.

....

....

*Dos números fraccionarios son **equivalentes** cuando representan la misma parte del mismo entero.*

5 ¿Quién tiene razón? ¿Por qué?

....

6 Alan repartió 8 alfajores entre 3 chicos en partes iguales y sin que sobre nada. Rodeen las cantidades que representan lo que recibió cada chico.

$\frac{3}{8}$ $\frac{16}{6}$ $\frac{8}{3}$ $2\frac{2}{3}$ $\frac{16}{9}$ 2

7 ¿Es cierto que $\frac{4}{9}$ es equivalente a $\frac{2}{7}$? ¿Por qué?

....

8 Rodeen, en cada caso, los números fraccionarios equivalentes al dado.

a. $\frac{3}{4}$ $\frac{3}{8}$ $\frac{4}{9}$ $\frac{6}{8}$ $\frac{9}{12}$ $\frac{6}{7}$ $\frac{6}{4}$

b. $\frac{10}{4}$ $\frac{5}{2}$ $\frac{8}{2}$ $\frac{20}{8}$ $\frac{5}{4}$ $\frac{10}{2}$ $\frac{12}{6}$

Colores y pinturas

1 Juan pinta $\frac{1}{5}$ de una pared a la mañana y $\frac{3}{5}$ a la tarde. ¿Qué parte de la pared pintó? ¿Qué parte de la pared le falta pintar?

Respuesta: ....

2 **a.** Ángela necesita 2 litros de pintura roja para pintar una pared. Tiene 2 tarros de $\frac{1}{2}$ litro y 3 de $\frac{1}{4}$ litro. ¿Le alcanzan los tarros para pintar la pared? ¿Le sobran o le faltan tarros? ¿Cuáles?

Respuesta: ....

En cada número fraccionario:

$\frac{1}{4}$ — 1 → *Numerador*; 4 → *Denominador*

b. Lean lo que hicieron los chicos y escriban cómo completarían su razonamiento.

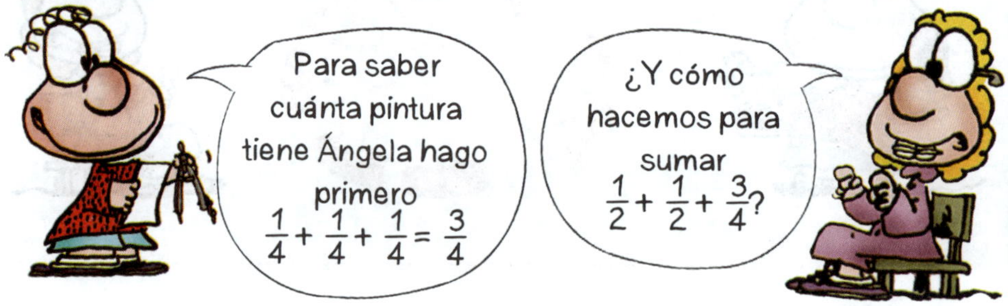

....

....

3 Manuela necesita $2\frac{1}{2}$ litros de pintura blanca. En la pinturería solo hay tarros de $\frac{1}{4}$ litro. ¿Cuántos tarros tiene que comprar?

Respuesta: ....

4 Juan mezcla 1 y $\frac{1}{2}$ litros de pintura blanca con 2 tarros de $\frac{1}{8}$ litro de pintura roja y obtiene un color rosa. ¿Cuántos litros de pintura rosa obtiene?

Respuesta: ....

5 Pedro había guardado $\frac{5}{6}$ litro de pintura celeste. Le agregó $\frac{1}{3}$ litro de pintura blanca y $\frac{3}{6}$ litro de pintura azul. ¿Cuántos litros de pintura celeste obtuvo?

Respuesta: ....

6 Ariel tiene estos tarros de pintura blanca y los quiere juntar todos en un tarro con capacidad para 5 litros. Lean lo que hizo para saber si entraba todo en el tarro grande.

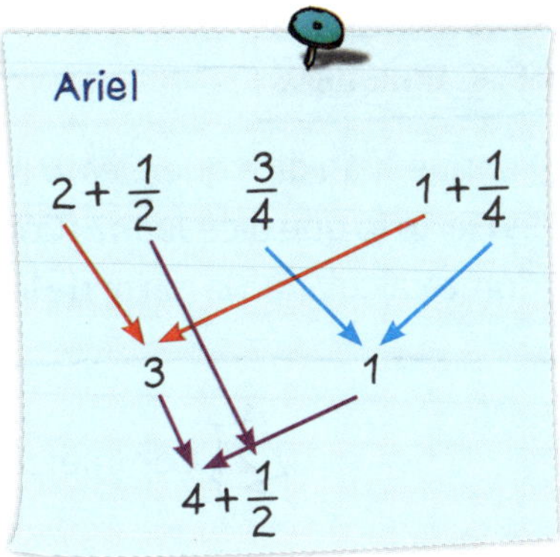

PENSEMOS ENTRE TODOS

- ¿Por qué Ariel saca flechas celestes y pone 1?
- ¿Qué cuenta quiere hacer Ariel? ¿Cómo organiza la cuenta?
- ¿Es cierto que tiene $\frac{9}{2}$ litros de pintura? ¿Cómo se dan cuenta?

7 **a.** Completen estos cálculos con los números que faltan.

i. $\frac{1}{2}+\frac{1}{2}=$ ....

ii. $\frac{1}{4}+\frac{1}{4}=$ ....

iii. $\frac{1}{8}+\frac{1}{8}=$ ....

iv. $\frac{1}{4}+$ .... $=\frac{3}{4}$

v. $\frac{1}{10}+\frac{1}{10}=$ ....

vi. $\frac{1}{6}+$ .... $=\frac{2}{6}$

b. Usen los cálculos anteriores para resolver estos. Escriban cómo los usaron.

i. $\frac{1}{4}+\frac{1}{4}+\frac{1}{2}=$ ....

ii. $\frac{1}{8}+\frac{1}{8}+\frac{1}{4}=$ ....

iii. $\frac{1}{6}+\frac{1}{6}+\frac{1}{3}+\frac{1}{3}=$ ....

iv. $\frac{1}{10}+\frac{1}{10}+\frac{1}{5}=$ ....

$\frac{1}{4}+\frac{1}{4}$ son dos de $\frac{1}{4}$ y se puede escribir $\frac{2}{4}$. Pero además con dos cuartos armamos un medio, entonces podemos decir que las expresiones $\frac{2}{4}$ y $\frac{1}{2}$ expresan la misma cantidad.

Dobles, triples y mitades

1 Tatiana comió $\frac{1}{4}$ de una tarta. Matías comió el doble de tarta que Tatiana. Lean lo que dicen los chicos.

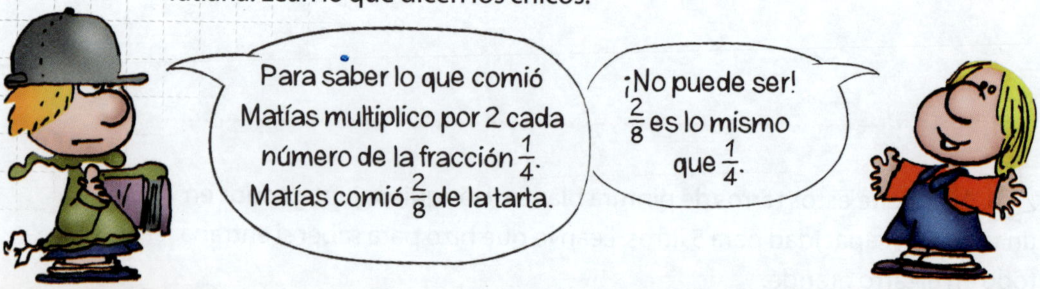

PENSEMOS ENTRE TODOS

- ¿Por qué Juan dice que $\frac{2}{8}$ es lo mismo que $\frac{1}{4}$?
- ¿Es cierto lo que dice Juan? ¿Cómo podrían explicarlo con un gráfico?
- ¿Cómo calcularían la parte de la tarta que comió Matías?

2 Completen la tabla.

Número	$\frac{1}{2}$	$\frac{1}{4}$	$\frac{1}{8}$			$\frac{2}{5}$	$\frac{4}{5}$
Doble				$\frac{6}{8}$	$\frac{8}{8}$		

3 Decidan si estas afirmaciones son verdaderas o falsas. Expliquen por qué.

a. $\frac{1}{2}$ no es el doble de ningún número fraccionario, porque el numerador no es la multiplicación por 2 de ningún número.

....

b. $\frac{1}{3}$ es el doble de $\frac{1}{6}$.

....

4 Escriban una cuenta que permita calcular el triple de $\frac{1}{8}$.

....

5 Para preparar 2 tazas de café se usa $\frac{1}{4}$ litro de agua y 1 cuchara de café instantáneo. ¿Cuánto agua y cuánto café se necesitan para una taza?

Respuesta: ....

Cálculos mentales de dobles, triples y mitades de un número fraccionario.

6 **a.** Usen que $\frac{3}{7} + \frac{3}{7} = \frac{6}{7}$ para calcular la mitad de $\frac{6}{7}$. Escriban cómo usaron el cálculo dado.

....

b. ¿Qué cuenta de suma ayuda para calcular la mitad de $\frac{4}{5}$.

....

c. ¿Para qué números fraccionarios sirve pensar en una suma para calcular la mitad? ¿Podría pensarse en una multiplicación?

....

7 Usen este gráfico para calcular la mitad de $\frac{1}{6}$. Escriban cuánto es y cómo usan el gráfico.

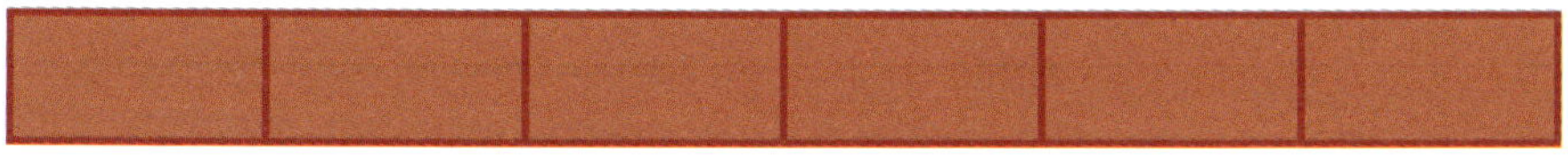

....

8 Lean lo que dicen los chicos.

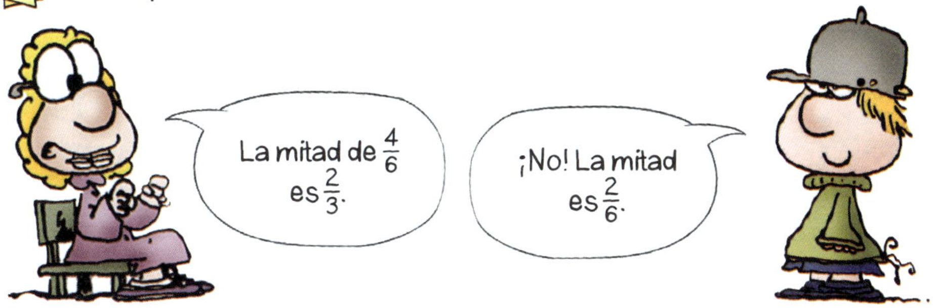

PENSEMOS ENTRE TODOS

- ¿Qué está pensando Tatiana? ¿Es correcto lo que dice?
- ¿Cómo hace Lazlo para pensar lo que dice?
- ¿Cómo podrían hacer para verificar quién tiene razón?

9 Rodeen la respuesta correcta en cada caso.

a. El triple de $\frac{2}{5}$ es: $\frac{6}{15}$ $\frac{6}{5}$ $\frac{2}{15}$

b. La mitad de $\frac{8}{4}$ es: $\frac{4}{2}$ $\frac{8}{2}$ 1

JUGAR AL ENTERO

JUEGO DE A 4

INSTRUCCIONES:

- En cada ronda se mezclan las cartas, se colocan 4 cartas boca arriba sobre la mesa y se reparte 6 cartas a cada jugador.
- Por turno, cada jugador intenta levantar una carta que se encuentre en la mesa que le permita completar el entero con alguna de las que tiene él. Por ejemplo, $\frac{1}{3}$ y $\frac{2}{3}$. Si no puede levantar ninguna tira una de sus cartas.
- Cuando se acaban las 6 cartas, gana la ronda el que se queda con más cartas y se anota 1 punto. Luego de 10 rondas gana la partida el que más puntos tiene.

MATERIALES:

- Un mazo de 28 cartas que tenga 2 cartas con cada uno de estos números $\frac{3}{4}, \frac{2}{5}, \frac{1}{2}, \frac{4}{5}, \frac{1}{3}, \frac{2}{4}, \frac{2}{3}, \frac{1}{4}, \frac{1}{5}, \frac{1}{8}, \frac{3}{5}, \frac{5}{8}, \frac{3}{8}, \frac{7}{8}$.

DESPUÉS DE JUGAR

1 **a.** Escriban el número de la carta que pueden levantar en cada caso.

$\frac{4}{5}$ | ☐ $\qquad$ $\frac{3}{8}$ | ☐

b. ¿Todos completaron las dos cartas de la misma manera? ¿Por qué?

....

....

2 Completen estas cuentas.

$\frac{1}{6}+$.......... $=\frac{6}{6}$ | $\frac{4}{10}+$.......... $=\frac{10}{10}$ | $\frac{1}{8}+$.......... $=\frac{8}{8}$ | $\frac{1}{3}+$.......... $=1$ | $\frac{3}{5}+$.......... $=1$ | $\frac{3}{4}+$.......... $=1$

3 ¿Cuánto hay que sumarle a 1 para obtener $\frac{9}{7}$? ....

4 Escriban $1\frac{16}{5}$ como la suma de un número entero más uno fraccionario menor que 1.

....

5 ¿Es posible que $\frac{2}{3}+\frac{1}{6}$ de un resultado mayor que 1? ¿Por qué?

....

Llenar con líquido

1 **a.** Cecilia sirve bebida en vasos. Cada vaso tiene capacidad para $\frac{1}{8}$ litro de gaseosa. Completen la tabla.

Cantidad de vasos	1	2	3	4	5	10	7
Cantidad de gaseosa (litros)	$\frac{1}{8}$						

b. ¿Es cierto lo que dice Juan? ¿Por qué?

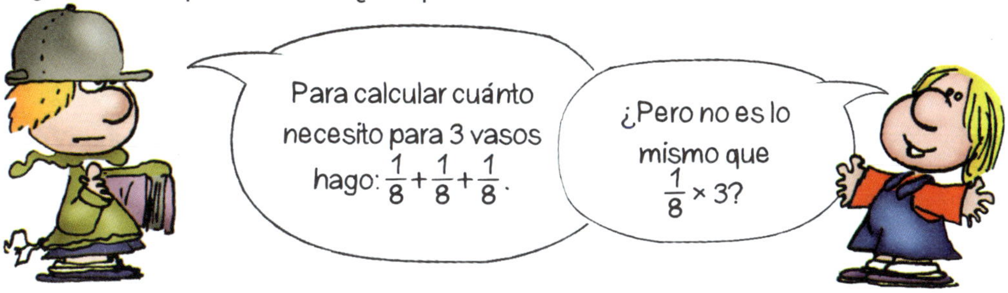

....

2 **a.** Para llenar una botellita, Ana necesita $\frac{1}{4}$ litro de agua. ¿Cuántas botellitas puede llenar con $\frac{5}{4}$ litros de agua?

....

b. Si Ana tiene $1\frac{3}{8}$ litro de agua, ¿podrá llenar 6 botellitas? ¿Por qué?

....

3 Un cafetero calcula que para llenar 3 tacitas necesita $\frac{1}{4}$ litro de café. Lean lo que hicieron los chicos para calcular la cantidad de café necesaria para llenar 12 tacitas.

Laura

$\frac{1}{2}+\frac{1}{2}$

Necesita 1 litro de café.

Luciano

Como 12 = 4 x 3, yo hago $\frac{1}{4} \times 4$.

Necesita 1 ℓ de café.

PENSEMOS ENTRE TODOS

- ¿Qué piensa Laura cuando pone $\frac{1}{2}$?
- ¿Por qué resuelve esa suma? ¿Cómo lo hace?
- ¿Cómo usa Luciano 12 = 4 × 3? ¿Por qué resuelve la multiplicación?
- ¿Cómo sabe Luciano que necesita 1 ℓ de café?

¿Quién come más?

1 Lean lo que dicen los chicos. ¿Es posible que los dos tengan razón? ¿Por qué?

....

....

....

2 Juan comió $\frac{2}{5}$ de una torta y Matías comió $\frac{4}{5}$ de una torta igual. ¿Quién comió más? ¿Cómo se dan cuenta?

....

....

....

3 Ana comió $\frac{1}{5}$ de una torta y Luis comió $\frac{1}{10}$ de la misma torta. ¿Quién comió más? ¿Cómo se dan cuenta?

....

....

....

4 Manuela comió $\frac{1}{6}$ de su paquete de caramelos. Carina comió $\frac{1}{9}$ de un paquete igual. ¿Quién comió más caramelos? ¿Cómo se dan cuenta?

....

....

....

5 Si dos números fraccionarios tienen el mismo denominador, ¿qué es necesario mirar para analizar qué número es más grande? ¿Por qué?

....

....

6 Si dos números fraccionarios tienen el mismo numerador, ¿qué es necesario mirar para analizar qué número es más grande? ¿Por qué?

....

....

7 **a.** Rodeen con rojo los números que son menores que un entero, con azul los que son mayores y con verde los que son iguales a un entero.

$\frac{6}{5}$ $\frac{2}{3}$ $\frac{9}{4}$ $\frac{6}{6}$ $\frac{1}{10}$ $\frac{2}{5}$ $\frac{5}{6}$ $\frac{2}{2}$ $\frac{12}{8}$ $\frac{7}{6}$ $\frac{5}{5}$

b. ¿Cómo pueden usar lo que rodearon para decidir si $\frac{2}{3}$ es mayor o menor que $\frac{7}{6}$?

....

....

8 **a.** Rodeen con rojo los números que son menores que $\frac{1}{2}$, con azul los que son mayores y con verde los que son iguales a un $\frac{1}{2}$.

$\frac{3}{5}$ $\frac{1}{3}$ $\frac{2}{4}$ $\frac{6}{6}$ $\frac{1}{10}$ $\frac{2}{5}$ $\frac{7}{6}$ $\frac{3}{4}$

$\frac{5}{6}$ $\frac{2}{8}$ $\frac{8}{5}$ $\frac{2}{3}$ $\frac{7}{8}$ $\frac{4}{5}$ $\frac{6}{7}$

b. ¿Cómo pueden usar lo que rodearon en el problema anterior para decidir si $\frac{1}{3}$ es mayor o menor que $\frac{3}{4}$?

....

....

PENSEMOS ENTRE TODOS

Los chicos tenían que comparar $\frac{3}{8}$ con $\frac{1}{2}$. ¿Quién tiene razón? ¿Por qué?

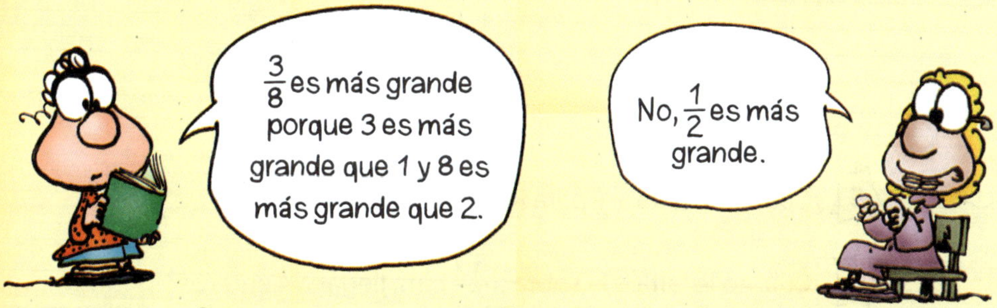

Para saber si $\frac{2}{3}$ es mayor o menor que $\frac{5}{6}$, Lucía escribe $\frac{2}{3}$ de manera equivalente como $\frac{4}{6}$. ¿Para qué lo hace? ¿Cómo le sirve eso para comparar las fracciones?

Ubicar números

1 **a.** Ubiquen los números $\frac{1}{2}$, $\frac{1}{4}$, $\frac{6}{4}$, $\frac{2}{2}$, $\frac{4}{4}$, $\frac{6}{2}$, $\frac{5}{2}$, $\frac{13}{4}$, $\frac{8}{2}$ y $\frac{3}{2}$ en esta recta numérica.

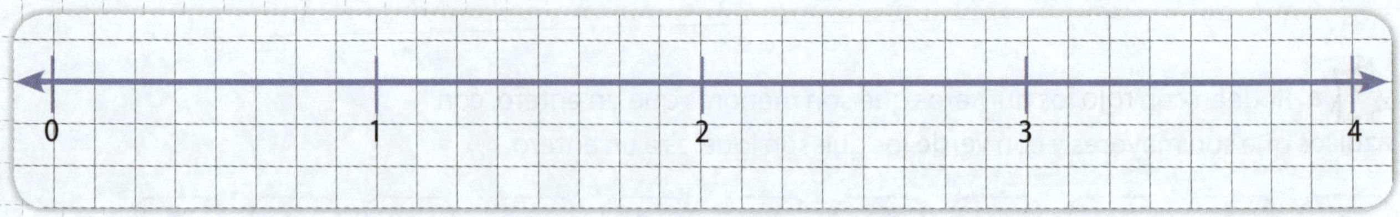

b. ¿Hay números ubicados en el mismo lugar? ¿Por qué ocurre esto?

....

2 Ubiquen los números $\frac{2}{3}$, $\frac{5}{6}$, $\frac{16}{6}$, $\frac{28}{12}$ y $\frac{48}{12}$ en esta recta numérica.

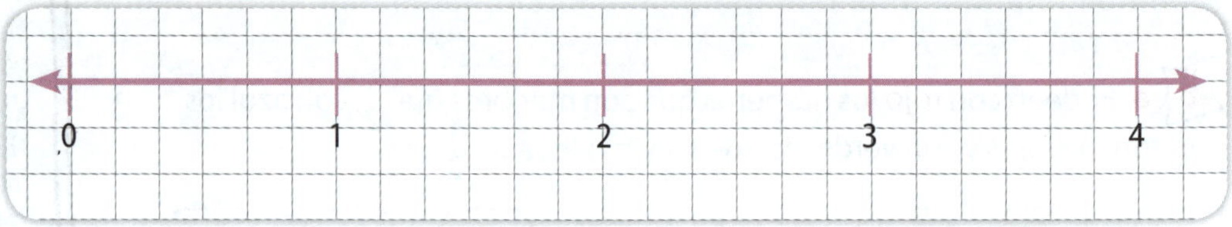

3 En esta recta numérica están representados 0 y $\frac{1}{4}$. Representen los números 1 y $\frac{5}{4}$.

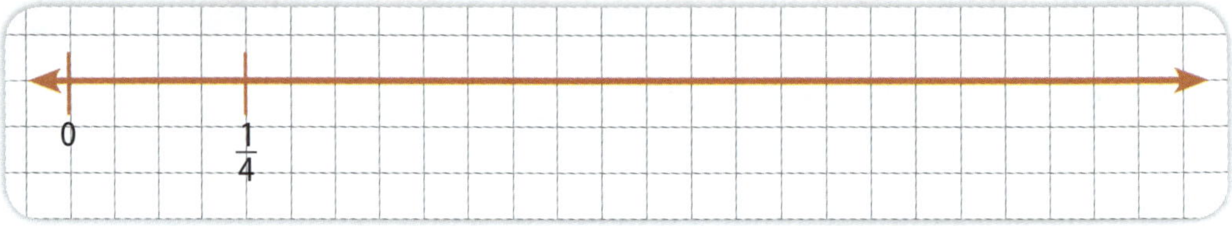

Cuando se construye una recta numérica hay que respetar una escala. Es decir, la distancia entre 0 y 1 tiene que ser la misma que entre 1 y 2 y así sucesivamente.

4 Juan marcó números en la recta. ¿Es correcto lo que hizo? ¿Por qué?

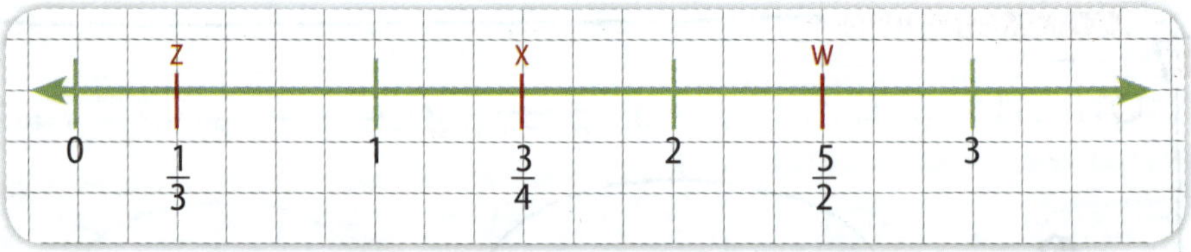

....

5 ¿Cuánto le falta a $\frac{3}{4}$ para llegar a 2 enteros? ....

6 ¿Cuánto le falta o le sobra a $\frac{17}{3}$ para llegar a 4 enteros? ....

Definiciones

- Dos números fraccionarios son **equivalentes** si representan la misma parte del entero.
- Cuando se construye una **recta numérica** hay que respetar una escala. Es decir, la distancia entre 0 y 1 tiene que ser la misma que entre 1 y 2 y así sucesivamente.

Conclusiones

- Una misma fracción de un entero puede estar representada por partes que tienen distinta forma.
- Se puede armar un entero de distintas maneras, y aunque las formas finales sean diferentes, se trata siempre de la misma cantidad.
- $\frac{1}{4}$ de 24 caramelos son $24 : 4 = 6$ caramelos.
- Si 24 son $\frac{1}{4}$ de los caramelos que tiene Juan, entonces Juan tiene $24 \times 4 = 96$ caramelos.
- Si 24 son $\frac{3}{4}$ de los caramelos que tiene Juan, entonces $24 : 3 = 8$ son $\frac{1}{4}$ de los caramelos de Juan y entonces $8 \times 4 = 32$ son los caramelos que tiene Juan.
- Para calcular el doble de un número fraccionario alcanza con multiplicar el numerador de la fracción por 2.
- Para calcular la mitad de un número fraccionario alcanza con multiplicar el denominador de la fracción por 2.
- Si dos números fraccionarios tienen el mismo denominador, entonces es mayor el que mayor numerador tiene.
- Si dos números fraccionarios tienen el mismo numerador, entonces es mayor el que menor denominador tiene.
- Si el numerador de un número fraccionario es mayor que el denominador, entonces el número es mayor que 1. En caso contrario, es menor.
- Si un número es mayor que 1 y el otro es menor, entonces el primero es más grande.
- Dos números fraccionarios equivalentes están ubicados en el mismo lugar en la recta numérica.
- Si un número es mayor que otro entonces está ubicado más a la derecha en la recta numérica.

ACTIVIDADES DE INTEGRACIÓN

1. María está preparando jugo.

a. ¿Cuántas jarras de $1\frac{1}{4}$ litro podrá llenar con 5 litros de jugo?

b. ¿Y con 9 litros de jugo?

2. Escriban formas equivalentes de repartir en partes iguales 11 chocolates entre 6 chicos sin que sobre nada.

3. ¿Cuáles de estos números fraccionarios son equivalentes a $\frac{3}{9}$?

$\frac{12}{36}$ $\frac{1}{9}$ $\frac{1}{3}$ $\frac{3}{1}$ $\frac{6}{9}$ $\frac{3}{18}$ $\frac{4}{10}$

4. En cada caso agreguen 3 números más que verifiquen lo pedido.

a. Números fraccionarios menores que 1: $\frac{2}{5}, \frac{7}{8}, ...$

b. Números fraccionarios equivalentes a 1: $\frac{6}{6}, \frac{4}{4}, ...$

c. Números fraccionarios mayores que 1: $\frac{4}{3}, \frac{3}{2}, ...$

5. Escriban el resultado de estas cuentas.

a. $\frac{1}{6} + \frac{2}{3} =$ .... **b.** $1 + \frac{2}{3} =$ ....

c. $\frac{1}{4} + 3 =$ .... **d.** $2 - \frac{1}{4} =$ ....

e. $2 - \frac{1}{3} =$ .... **f.** $3 - \frac{1}{2} =$ ....

g. $4 - \frac{1}{3} =$ .... **h.** $2 + \frac{1}{2} =$ ....

i. $3 + \frac{3}{4} =$ .... **j.** $5 + \frac{1}{3} =$ ....

k. $3 + \frac{1}{2} =$ .... **l.** $4 + \frac{1}{3} =$ ....

6. Completen la tabla.

Número fraccionario	Le falta para completar 1 entero	Le falta para completar 2 enteros	Le falta para completar 3 enteros
$\frac{2}{3}$			
$\frac{2}{4}$			
$\frac{2}{5}$			
$\frac{2}{7}$			

7. Decidan si estas afirmaciones son verdaderas o falsas. Expliquen la decisión sin hacer la cuenta.

a. El resultado de $\frac{3}{5} + \frac{1}{10}$ es menor que 1.

b. El resultado de $\frac{2}{3} + \frac{1}{3}$ es menor que 1.

c. El resultado de $\frac{4}{6} - \frac{1}{3}$ es menor que 1.

d. El resultado de $\frac{12}{8} - \frac{1}{4}$ es mayor que 1.

8. Ubiquen $\frac{1}{4}$ y $1\frac{1}{4}$ esta la recta numérica.

9. ¿En cuáles de estas figuras se pintó la cuarta parte? Expliquen en cada caso cómo lo pensaron.

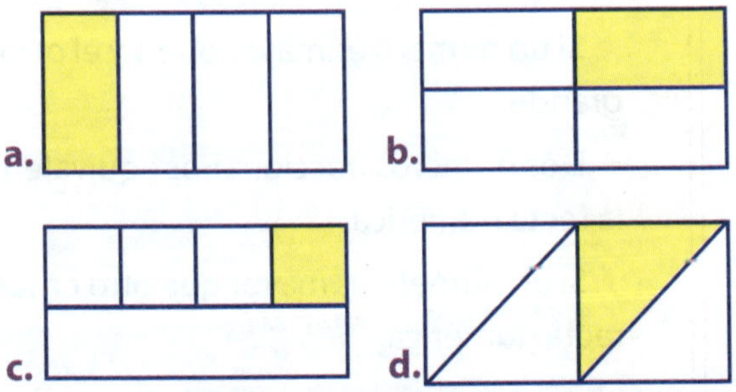

9 Los cuerpos geométricos

Reconocer cuerpos geométricos

1 **a.** Marquen cuáles de estos objetos son cuerpos geométricos.

Un cuerpo geométrico está formado por caras, vértices y aristas.

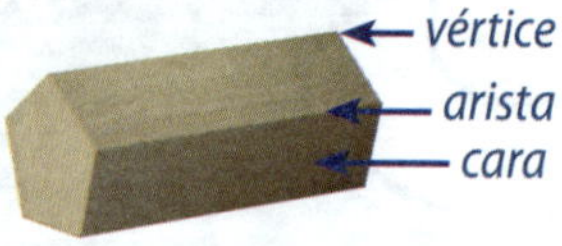

b. Escriban los nombres de las caras que tienen los cuerpos geométricos de la actividad anterior.

....

....

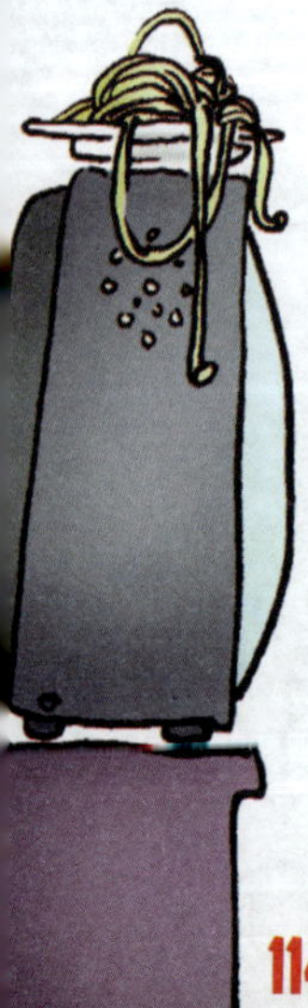

2 Completen la tabla con la cantidad de caras triangulares o rectangulares que tienen los cuerpos geométricos.

Cuerpo geométrico		Número de caras triangulares	Número de caras rectangulares
	Prisma de base triangular		
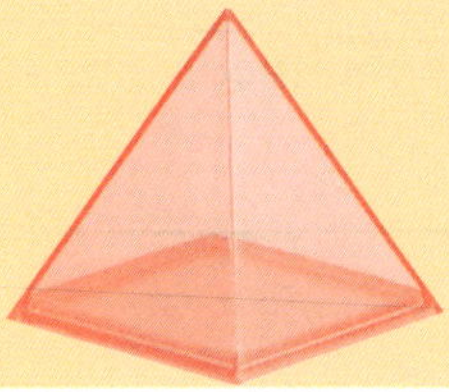	Pirámide de base cuadrada		
	Cubo		
	Prisma de base rectangular		
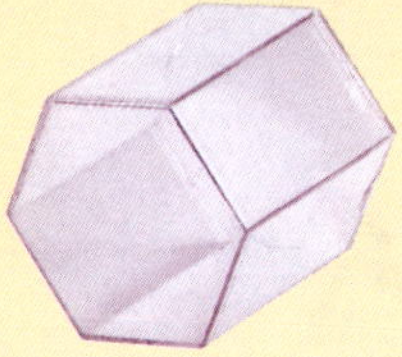	Prisma de base hexagonal		

3 ¿Cuáles pueden ser los cuerpos geométricos que piensa Lazlo? Escriban los nombres.

....

....

¿Cómo se diferencian?

INSTRUCCIONES:

- Cada integrante de la pareja piensa en un cuerpo geométrico de la caja de cuerpos y escribe su nombre en un papel.
- Por turnos, cada jugador realiza una pregunta que el otro puede contestar solo con SÍ o NO.
- El primero que descubre el cuerpo geométrico que pensó el otro, se anota un punto.
- Gana el primero en llegar a 5.

MATERIALES:

- Caja de cuerpos geométricos o cajas con distintas formas.

Después de jugar

1 Escriban en la carpeta las diferencias entre los cuerpos de la derecha y los de la izquierda.

a.

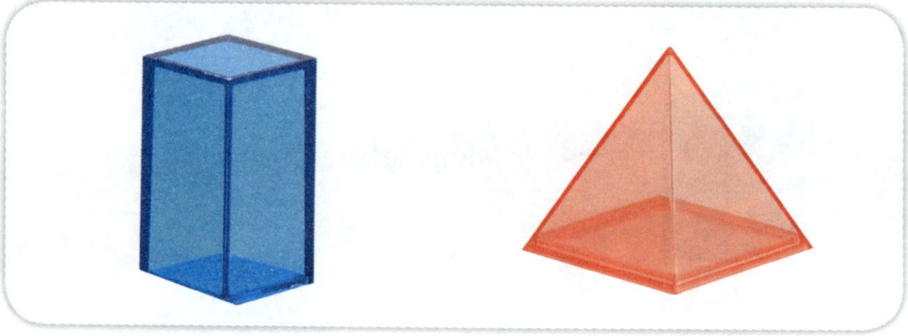

b.

c.

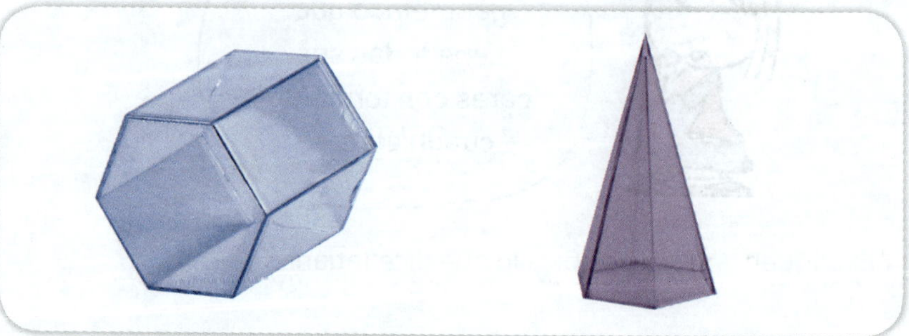

*Los **prismas** son los cuerpos geométricos que tienen dos caras paralelas que son dos figuras iguales y las demás caras son rectángulos. Esas caras paralelas se llaman **bases**.*
*Las **pirámides** son los cuerpos geométricos que tienen una cara que es una figura cualquiera y las otras caras son triángulos. Esa cara se llama **base**.*

2 ¿Qué pregunta harías para saber si un cuerpo geométrico es un prisma o una pirámide?

....

....

3 Lean los diálogos entre Matías y Lazlo. En cada caso indiquen si con esta pregunta Matías puede saber si se trata de un prisma o de una pirámide. Si consideran que sí, expliquen por qué. Si no, escriban el nombre de un cuerpo que no lo cumpla.

a.

....

....

....

b.

....

....

....

PENSEMOS ENTRE TODOS

- Expliquen con sus palabras lo que dice Tatiana.
- Escriban una expresión parecida a la de Tatiana para calcular las caras de un prisma sabiendo los lados de la base.

Caras, vértices y aristas

1 Completen la tabla.

Cuerpo	Cantidad de caras	Cantidad de vértices	Cantidad de aristas
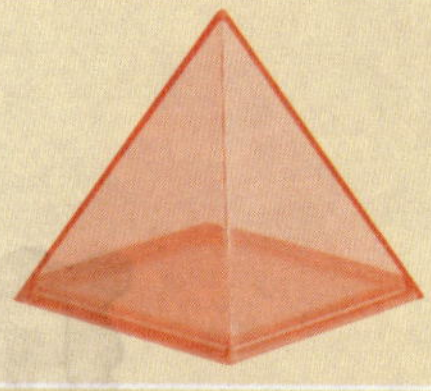 Pirámide de base cuadrada			
 Prisma de base cuadrada			
 Pirámide de base hexagonal			
 Prisma de base hexagonal			
 Cubo			
 Tetraedro			

TALLER DE PROBLEMAS

Un cuerpo geométrico tiene 10 caras.

- Si saben que es un prisma, ¿cuántos lados tiene su base?
- Si saben que es una pirámide, ¿cuántos lados tiene su base?

Definiciones

✦ Un cuerpo geométrico tiene caras que son figuras geométricas.

✦ Los cuerpos geométricos están formados por caras, vértices y aristas.

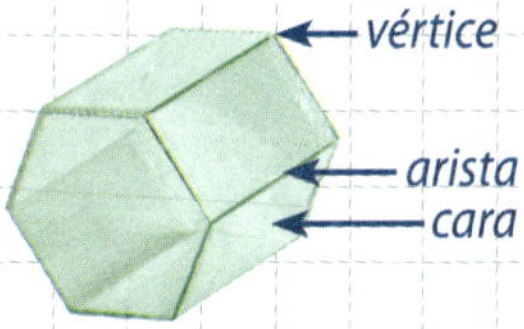

✦ Los cuerpos geométricos que tienen dos caras que son figuras paralelas e iguales y las otras caras que son rectángulos se llaman **prismas**.

✦ Los cuerpos geométricos que tienen una cara que es una figura cualquiera y las otras caras triangulares se llaman **pirámides**.

Conclusiones

✦ La cantidad de caras que tiene un prisma es dos más que la cantidad de lados de la figura que es base.

✦ La cantidad de caras que tiene una pirámide es uno más que la cantidad de lados de la figura que es base.

ACTIVIDADES DE INTEGRACIÓN

1. ¿Cuántas caras, vértices y aristas tiene una pirámide de base pentagonal?

2. ¿Cuántas caras, vértices y aristas tiene un prisma de base pentagonal?

3. ¿Puede un prisma tener 5 caras? Si la respuesta es afirmativa, escriban el nombre del cuerpo. Si no, expliquen por qué.

4. ¿Es posible que una pirámide tenga 7 caras? Si es así indiquen qué figura tiene en la base. Si no, expliquen por qué.

5. ¿Es posible que un cuerpo geométrico tenga 9 aristas y 6 vértices? Si es posible escriban el nombre de los cuerpos geométricos que pueden construirse. Si no, expliquen por qué.

6. ¿Es posible que un cuerpo geométrico tenga 15 aristas y 10 vértices? Si es posible escriban el nombre de los cuerpos geométricos que pueden construirse. Si no, expliquen por qué.

7. Lucas quiere armar con palitos y bolitas un prisma de base rectangular. Los lados de la base deben medir 5 cm y 7 cm, y la altura debe ser de 6 cm.

a. ¿Cuántos palitos de cada medida necesita? ¿Cómo se dan cuenta?

b. ¿Cuántas bolitas necesita?

8. Descubran el cuerpo geométrico que está pensando Lazlo y el que piensa Juan. Si no, expliquen por qué.

a.

b.

10 Las expresiones decimales

Visitar el quiosco

1 Matías compra un alfajor en el quiosco. Escriban 2 maneras de pagar justo.

2 Tatiana compra 3 caramelos en el quiosco. Paga con . ¿Le dan vuelto? ¿Cuánto?

Respuesta: ....

3 Juan tiene solo monedas de . ¿Cuántas monedas necesita para pagar el chupetín grande? ¿Le dan vuelto? ¿Cómo se dan cuenta?

Respuesta: ....

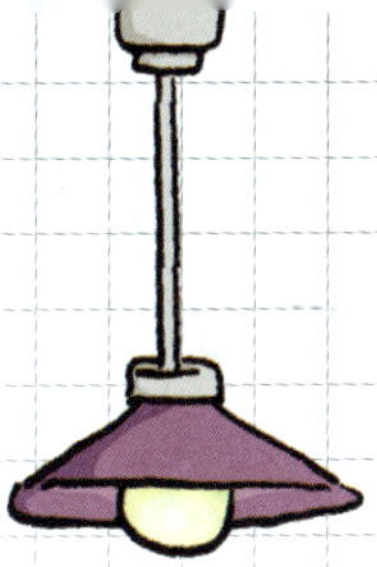

4 Lazlo tiene $15. Quiere comprar un paquete de papas fritas y un alfajor. ¿Le alcanza? ¿Le falta o le sobra? ¿Cuánto?

Respuesta: ....

5 Ana tiene 5 monedas de , 12 monedas de  y 12 monedas de . ¿Puede comprarse un alfajor? ¿Cómo se dan cuenta?

Respuesta: ....

6 5 amigos se juntan para comprar la bolsa de chupetines chiquitos. Todos pondrán la misma cantidad de dinero. ¿Cuánto dinero tiene que poner cada uno?

Respuesta: ....

7 La compra de 2 chocolates, ¿es una oferta? ¿Cómo se dan cuenta?

Respuesta: ....

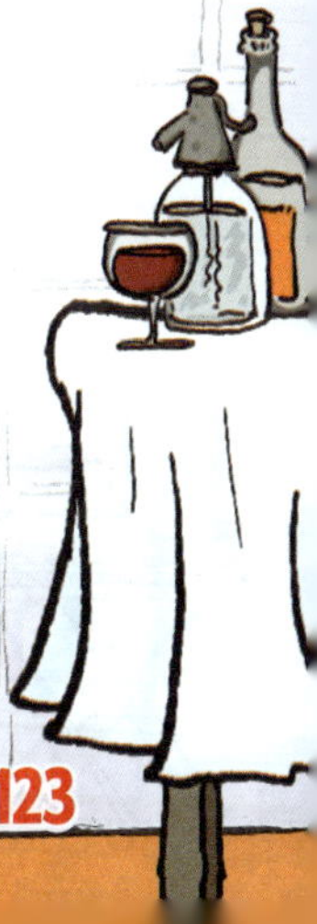

Las tazas decoradas

1 Completen la tabla con la cantidad de monedas que necesitan para pagar justo lo pedido solo con las monedas que se indican.

	 Paga solo con monedas como esta	 Paga solo con monedas como esta	 Paga solo con monedas como esta	 Paga solo con monedas como esta
 $10				
 $12,50				
 $25				
 $18,50				

2 José tiene solo monedas de $1. ¿Qué tazas puede comprar pagando justo? ¿Cómo se dan cuenta?

....

....

3 Esta taza cuesta $24,75. ¿Podrían pagarla justo usando solo monedas como esta ?

....

....

4 Esta taza cuesta \$38,25. ¿Podrían pagarla justo usando solo monedas como esta  ?

....

....

CALCULADORA

Juan tiene que pagar \$1 y le entrega al vendedor un billete de \$10. ¿Qué cuenta tiene que hacer en la calculadora el vendedor para calcular el vuelto que debe darle a Juan?

....

Lazlo tiene que pagar 10 centavos y le entrega al vendedor una moneda de \$1. ¿Qué cuenta tiene que hacer en la calculadora el vendedor para calcular el vuelto que debe darle a Lazlo?

....

Comparen los problemas anteriores. ¿Plantearon la misma cuenta? ¿Qué tuvieron en cuenta en cada caso?

....

5 Lean lo que dice Matías.

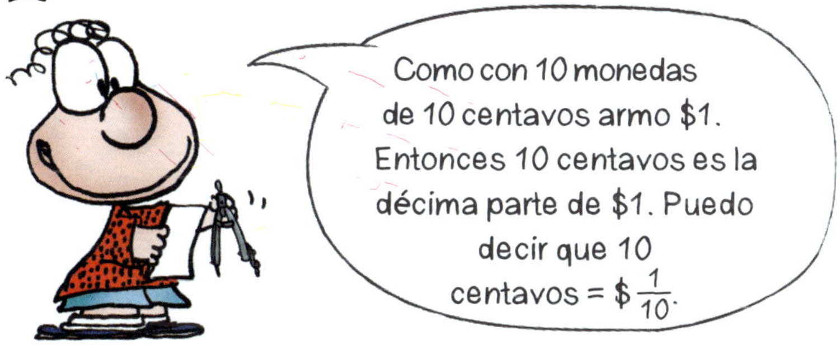

*Una **fracción decimal** es un número fraccionario cuyo denominador es 10, 100, 1.000, etcétera. Para escribir fracciones decimales se usan números con coma.*

Un décimo $= \frac{1}{10} = 0,1$

Un centésimo $= \frac{1}{100} = 0,01$

a. ¿Cuántas monedas de 1 centavo forman \$1?

....

b. ¿Qué fracción del peso es 1 centavo?

....

6 **a.** ¿Qué parte de \$1 representa ?..

b. ¿Cómo se escribe la moneda de 50 centavos con números con coma?

....

Mirar los números con coma

1 Una bolsita de 10 caramelos cuesta $1. ¿Cuánto cuesta cada caramelo? ¿Cómo se dan cuenta?

....

2 Lean lo que dicen los chicos.

PENSEMOS ENTRE TODOS

- ¿Cómo escribe cada chico el dinero de Matías?
- ¿Todos escriben de manera correcta?
- ¿Quién tiene razón: Juan o Lazlo? ¿Por qué?
- ¿En qué fracción decimal piensa Lazlo? ¿Y Juan?

3 Rodeen los precios que pueden pagar justo usando solo monedas de 10 centavos. Escriban cómo se dan cuenta.

$15,60 $6,25 $7,4 $37,64 $37,70 $46,5

....

....

4 Escriban en pesos estos precios.

a. $......................

b. $......................

c. $......................

Compras en el bazar

1 Rodeen el artículo más caro en cada caso.

a.
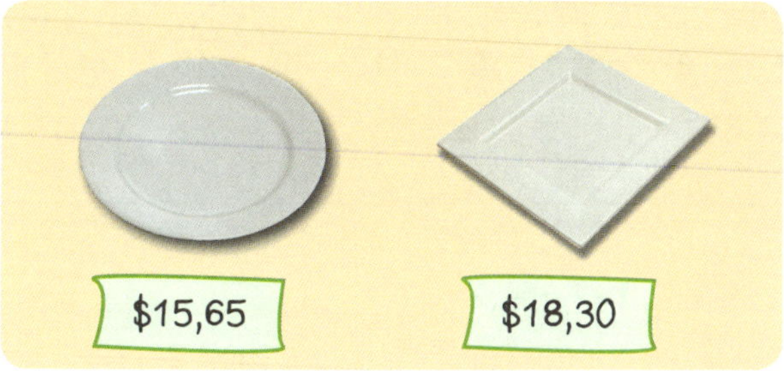

b.

c.

d.

2 Los chicos tienen que comparar 6,35 con 6,8. Lean lo que dicen.

PENSEMOS ENTRE TODOS

- ¿Quién tiene razón?
- ¿Es cierto lo que dice Lazlo?
- ¿Sería cierto lo que dice Lazlo si solo usaran números sin coma?

3 En este estante, los precios están ordenados de mayor a menor. En todos los carteles salvo el último, faltan las comas. Escriban las comas que faltan para que esto sea cierto.

Centímetros y milímetros

1 Esta regla es igual a la que tienen en la cartuchera.

a. ¿Cuántos milímetros forman 1 centímetro? ....

b. ¿Qué parte del centímetro es 1 milímetro? ....

c. Completen este texto con un número con coma.

1 milímetro es equivalente a .... centímetros.	3 mm es equivalente a .... cm.

2 Lucas dibujó una tira que mide 10 centímetros con 3 milímetros. Rodeen las escrituras que representan la medida de la tira de Lucas.

10,3 cm | 10,03 cm | 103 mm | 100,3 mm | 13 mm

3 Dibujen una tira que mida 9,5 cm.

4 Dibujen una tira que mida 85 mm.

REVISEMOS LOS PROBLEMAS

- ¿Cuántos centímetros forman 1 m? ¿Qué parte del metro es 1 cm? ¿Cómo se escribe eso con números con coma?
- ¿Cuántos milímetros forman 1 m? ¿Qué parte del metro es 1 mm? ¿Cómo se escribe eso con números con coma?
- ¿Qué relación hay entre la pregunta anterior y lo que resolvieron en la actividad **1**?
- ¿Qué tira es más larga: la del problema **3** o del **4**? ¿Cómo puede ser esto posible?

Ubicar en la recta numérica

1 **a.** En una recta numérica cada punto representa un número. Escriban las fracciones decimales que representan los puntos marcados en esta recta.

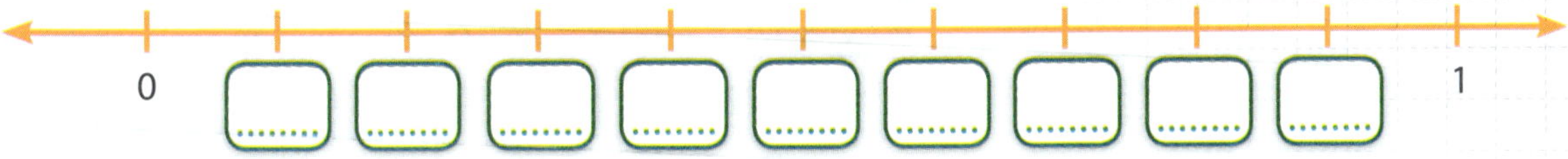

b. ¿Dónde marcarían el 0,1 en la recta numérica anterior?

....

2 **a.** Indiquen qué números están representados con letras en esta recta numérica. Escriban cómo lo pensaron.

....

b. Marquen el número 0,5 en la recta anterior. Escriban cómo hacen para marcarlo.

....

3 Marquen el 1 y el 2 en esta recta numérica.

4 Tatiana ubicó 1,8 en una recta numérica y Lazlo ubicó 1,40.

Lazlo

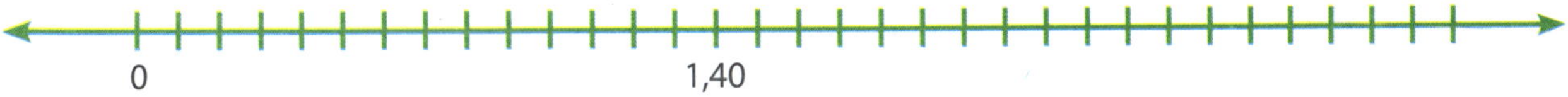

Tatiana

PENSEMOS ENTRE TODOS

- ¿Marcaron correctamente Tatiana y Lazlo en las rectas?
- ¿Qué opinan de lo que dice Matías?

La maderera

1 Manuel compró una caja de madera y un portarretratos. ¿Cuánto pagó?

Respuesta: ....

2 Silvia compró 2 trencitos. ¿Paga más o menos que $100? ¿Cómo se dan cuenta sin hacer las cuentas?

Respuesta: ....

3 ¿Cuántos estantes puede comprar María con $100? ¿Sobra dinero? ¿Cuánto?

Respuesta: ....

4 Mabel compró un estante y dos portarretratos. Pagó con $100. ¿Cuánto le dieron de vuelto?

Respuesta: ....

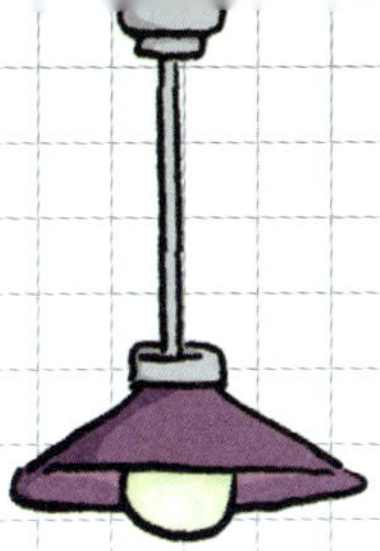

5 Para armar una estantería, usarán unos listones de madera. Necesitan 16,80 m de listones. En la maderera tienen un listón de 7 m con 50 cm y otro de 8 m con 70 cm. ¿Les alcanzan los dos listones? ¿Cómo se dan cuenta?

Respuesta: ....

6 Para hacer tarugos de madera usarán un listón de 4,50 m. ¿Cuántos tarugos de 50 cm se pueden armar?

Respuesta: ....

7 Con los retazos de madera armarán adornos. ¿Cuántos retazos de 20 cm de largo se necesitan para hacer un adorno de 1 m de largo? Escriban cómo lo pensaron.

Respuesta: ....

8 Pedro armará un adorno uniendo 16 retazos de 10 cm de largo. ¿El adorno tendrá más o menos de 1 m de largo? ¿Cómo se dieron cuenta?

Respuesta: ....

Cajas decoradas

1 En el negocio de cajas venden cajitas decoradas y no hacen ofertas. Completen las tablas.

a. Las cajas chiquititas cuestan $5,25.

Cantidad de cajitas que se compran	1	2	4	5
Precio a pagar ($)	5,25			

b. Las cajas medianas cuestan $15,50.

Cantidad de cajitas que se compran	1	2	4	5
Precio a pagar ($)	15,50			

Caja grande $15,60. Dos por $30.

2 En otro negocio tienen una oferta de cajas grandes. Completen la tabla.

Cantidad de cajas que se compran	1	2	4	5	8	10
Precio a pagar ($)						

REVISEMOS LOS PROBLEMAS

- ¿Es cierto que si compran 4 cajas chiquitas se paga el doble que si compran 2?
- ¿Ocurre lo mismo con las cajas grandes? ¿Por qué?
- ¿Se gasta lo mismo si primero compran 4 cajas medianas y luego una más que si compran juntas las 5 cajas?
- ¿Sucede lo mismo con las cajas grandes? ¿Por qué?

Definiciones

- Una **fracción decimal** es un número fraccionario cuyo denominador es 10, 100, 1.000, etcétera. Para escribir fracciones decimales se usan números con coma.

Un décimo $= \frac{1}{10} = 0{,}1$ Un centésimo $= \frac{1}{100} = 0{,}01$

- La **coma decimal** separa la parte entera del número de la parte decimal. La primera cifra que aparece después de la coma corresponde a los décimos y la segunda a los centésimos.

Parte entera Parte decimal
2,84
Coma

2,84
Décimos Centésimos

Conclusiones

- Una moneda de 10 centavos es la décima parte de $1 y se escribe $0,10.
- Una moneda de 1 centavo es la centésima parte de $1 y se escribe $0,01.
- Entre dos números escritos con su expresión decimal que tienen distinta parte entera, es mayor el que mayor parte entera tiene. Por ejemplo 5,6 es mayor que 3,76.
- Si las expresiones decimales de un número tienen la misma parte entera, se comparan los décimos. El que más decimos tiene, es el mayor. Si tienen la misma cantidad de décimos, se sigue con los centésimos, etcétera. Por ejemplo 7,23 es mayor que 7,18 y 8,47 es mayor que 8,43.
- Los números decimales pueden ubicarse en la recta numérica. Para hacerlo hay que definir una escala. Por ejemplo, si la distancia entre 0 y 1 es 10 cm, entonces la distancia entre 0 y 0,1 es de 1 cm y la distancia entre 0,5 y 0,7 es de 2 cm.
- Dos variables se relacionan de manera directamente proporcional si al doble de una le corresponde el doble de la otra, al triple el triple, etcétera.
- Hay variables que no se relacionan de manera directamente proporcional. Eso pasa, por ejemplo, cuando hay ofertas.

ACTIVIDADES DE INTEGRACIÓN

1. Completen la tabla.

Moneda	Cantidad de monedas iguales para formar $1	Parte que representa de $1	Escritura de la parte que representa de $1 con números con coma

2. Escriban dos maneras de pagar justo $6,97.

3. Franco fue a la verdulería. Compró 2 kg de tomates a $15,50 cada uno; 1 kg de zanahorias a $18,75; 3 kg de manzanas a $12,30 cada kilogramo. Pagó con un billete de $100. ¿Le dieron vuelto? ¿Cuánto?

4. Indiquen, en cada caso, cuál es el número mayor.

2,28 y 3,08 | 3,47 y 3,61 | 0,17 y 0,19

5. a. Dibujen una tira que mida 70 mm y otra que mida 9 cm.

b. ¿Es cierto lo que dice Matías? ¿Por qué?

11 Las unidades de medida

Medir significa comparar. Cuando medimos elegimos una unidad de medida para comparar.

¿Qué se mide?

1 ¿Qué medida del libro hay que tomar en cada caso?

a. Si hay que mandar el libro por correo. ....

b. Si hay que guardar libros en la caja y saber cuántos entran. ....

c. Si solo transportan cajas que pesen menos de 3 kg, ¿qué otra medida deberías conocer? ....

2 ¿Qué deberías conocer del queso para saber cuánto cuesta?

....

3 ¿Qué medida de los panes hay que tomar en cada caso?

a. Si hay que guardarlos en una bolsita en la que entra un solo pan.

....

b. Si hay que calcular cuánto cuesta el pan. ....

4 Para medir longitudes, en la antigüedad usaban partes del cuerpo. Escriban en la carpeta las medidas pedidas.

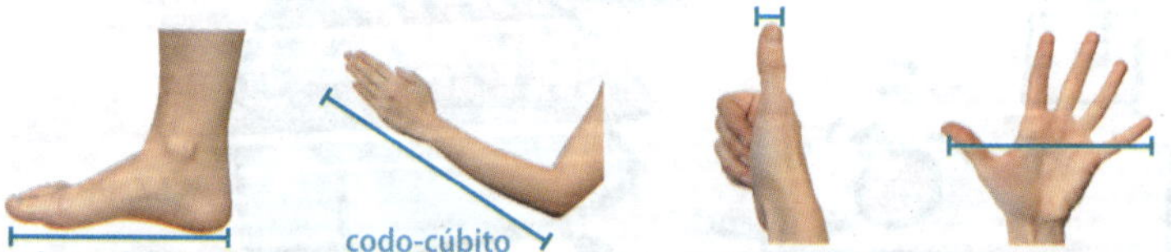

a. Midan con el pie el largo del aula. ¿Qué medida les dio?

b. Midan con el codo el largo del escritorio. ¿Qué medida les dio?

c. Midan con el dedo pulgar el largo y ancho del cuaderno. Anoten las medidas.

d. ¿Cuántas cuartas mide el largo del pizarrón?

PENSEMOS ENTRE TODOS

- Analicen las medidas que tomaron. ¿Qué medida le dio a cada uno?
- En cada medida, ¿a todos les da el mismo valor? ¿Por qué sucede eso?
- ¿Qué creen que pasaría si sus papás tomaran las medidas?

Los tiempos

1 Los chicos miran el reloj. Lean lo que dicen.

PENSEMOS ENTRE TODOS

- ¿Quién tiene razón? ¿Por qué?
- ¿Cuánto tiempo tiene que pasar para que aparezca lo que dice Lazlo?
- ¿Qué sucede para que aparezca lo que dice Juan? ¿Y lo que dice Tatiana?

2 Completen las igualdades.

a. $\frac{1}{2}$ hora = ... minutos

b. $\frac{1}{4}$ hora = ... minutos

c. $\frac{1}{2}$ día = ... horas

d. $\frac{1}{2}$ minuto = ... segundo

e. $\frac{1}{4}$ minuto = ... segundos

f. 0,5 hora = ... minutos

3 Laura se despierta a las 7:45 de la mañana. Se baña y desayuna. Media hora más tarde parte a su trabajo. El viaje le lleva 45 minutos. Trabaja durante 8 horas y luego visita a una amiga. Tarda 15 minutos en llegar. ¿A qué hora llega a la casa de la amiga?

Respuesta: ....

4 Pedro trabaja 8 horas y media el lunes. ¿Cuántos minutos trabaja?

Respuesta: ....

Las longitudes

1 Esta es una regla como la que tienen en la cartuchera.

a. ¿Cuántas rayitas cortas hay entre dos rayitas largas? ....

b. Usen la regla para medir el largo de este rectángulo. Anoten la medida en centímetros y en milímetros.

....

En la regla, entre dos líneas largas hay 1 centímetro. Cada centímetro se divide en 10 partes iguales. Cada partecita se llama milímetro.

c. Midan el rectángulo con el ancho del pulgar. Anoten la medida. ....

d. ¿Qué ventaja tiene medir con la regla o con el ancho del pulgar?

....

2 Dibujen un segmento rojo de 5 cm de largo y uno azul de 50 milímetros. ¿En qué se parecen los segmentos?

....

3 Anoten con qué instrumento conviene medir cada objeto.

a. Ancho de la carpeta ....

b. Altura de la puerta ....

c. Altura de tu compañero de banco ....

d. Contorno de tu cintura ....

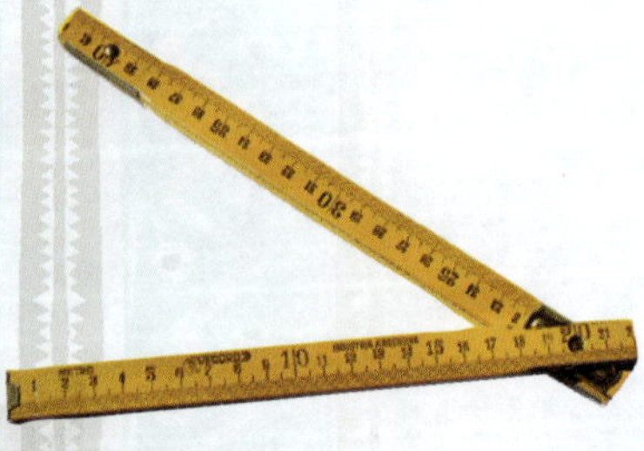

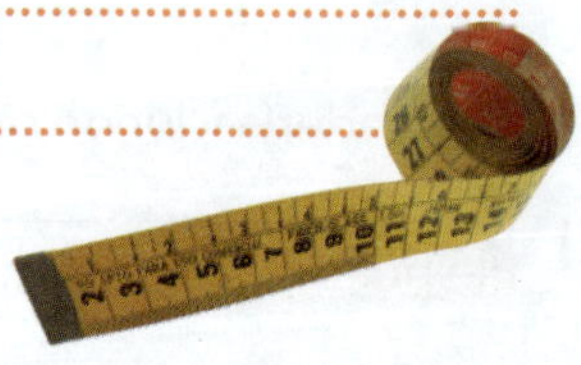

4 Busquen un metro de carpintero. ¿Cuántos centímetros hay en 1 metro?

....

5 Completen estas igualdades.

a. 1 cm = ... mm

b. 1 m = ... cm

c. 1 m = ... mm

PENSEMOS ENTRE TODOS

- ¿Qué parte de 1 centímetro es 1 milímetro?
- ¿Qué parte de 1 metro es 1 centímetro?
- ¿Qué parte de 1 metro es 1 milímetro?
- ¿Qué parte de 1 metro son 10 centímetros?

6 ¿Quién tiene la tira más larga? ¿Cómo se dan cuenta?

....

....

7 Una cuadra mide 100 m. Juan camina todos los días 5 cuadras. ¿Cuántos días tardará en recorrer 5 km?

Para medir tramos más largos se usa el ***kilómetro****.*
1 kilómetro es equivalente a 1.000 metros.

Respuesta: ....

TALLER DE PROBLEMAS

Un camionero reparte mercadería por el norte argentino. Sale de San Miguel de Tucumán, recorre 489 km y se detiene en Rosario de la Frontera, en Salta. Entrega su mercadería y luego sigue camino hasta La Quiaca. En total recorre 619.000 m. ¿Cuántos kilómetros recorre desde Rosario de la Frontera hasta La Quiaca?

Las pelotitas

En una balanza de platillos se comparan pesos. Cuando la balanza está equilibrada, lo que pesan los elementos de cada platillo es lo mismo. Estas balanzas están equilibradas.

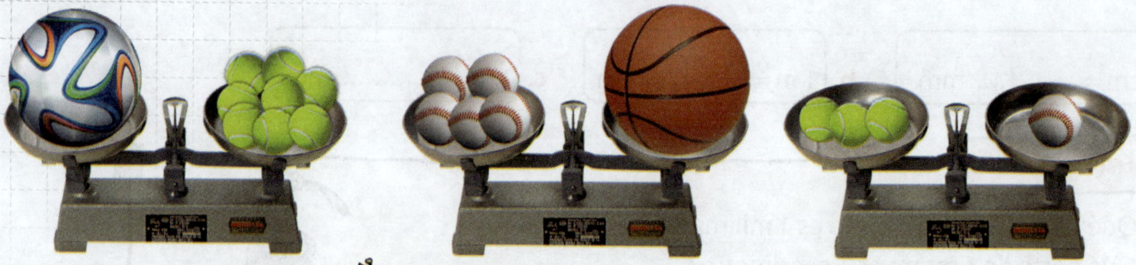

1 **a.** ¿Cuántas pelotas de tenis equivalen a una de fútbol? ....

b. ¿Cuánto pesa la pelota de fútbol si se toma como medida la de tenis?

....

c. ¿Cuánto pesa la pelota de tenis si se toma como unidad de medida la de fútbol?

....

2 Una pelota de beisbol pesa 150 gramos.

a. ¿Cuánto pesa una pelota de básquet?

Respuesta: ....

b. ¿Cuánto pesa cada pelota de tenis?

Respuesta: ....

c. Juan es el entrenador del equipo de fútbol. El médico le dijo que puede cargar hasta 6 kg. ¿Cuántas pelotas de fútbol puede llevar en una bolsa para hacerle caso al médico?

Respuesta: ....

d. El entrenador de tenis lleva una canasta con 100 pelota. ¿Lleva más o menos de 3 kg de peso? ¿Cómo se dan cuenta?

Respuesta: ....

*Para medir pesos se usa como unidad de medida el **gramo**. Otras medidas que se usan son: Miligramo = $\frac{1}{1.000}$ gramo y kilogramo = 1.000 gramos.*

Comprar jugos

1 En la góndola de jugos del supermercado se ven estos envases.

Para medir capacidades se usa como unidad de medida el ***litro.***
Otras medidas que se usan son:
1 mililitro = $\frac{1}{1.000}$ *litro y*
1 kilolitro = 1.000 litros.
También se usan centímetros cúbicos.
1.000 cm^3 *= 1 litro*

a. Juan quiere comprar 10 litros de jugo. Escriban dos maneras distintas de realizar la compra.

Respuesta: ....

....

b. Pedro quiere comprar 1 litro de jugo pero quiere llevar muchos envases. ¿Qué puede comprar? ¿Cuál es la mayor cantidad de envases que puede llevar?

Respuesta: ....

2 ¿Cuántos envases de $\frac{1}{4}$ litro forman uno de 1 litro? ....

3 ¿Cuántos envases de 500 cm^3 forman uno de $\frac{1}{2}$ litro? ....

REVISEMOS LOS PROBLEMAS

Decidan si estas igualdades son verdaderas o falsas. Expliquen por qué.

$1\ cm^3 = \frac{1}{1.000}\ \ell$ $\quad$ $1\ m\ell = 1\ cm^3$ $\quad$ $10\ k\ell = 1.000\ \ell$

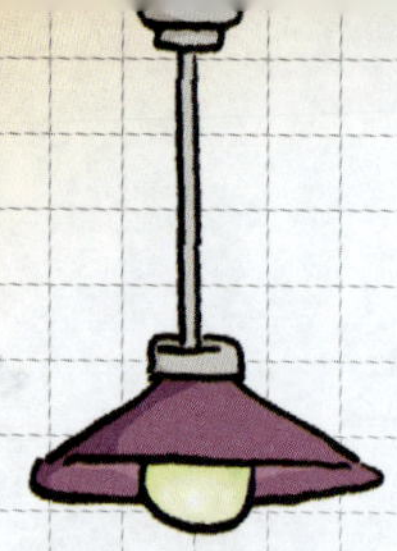

Más o menos

1 Una botellita tiene capacidad para $\frac{1}{4}$ litro. ¿Cuántas botellitas como esa se necesitan aproximadamente para llenar una bañadera?

Respuesta ....

2 Una bolsita pesa $\frac{1}{2}$ kg. ¿Cuántas bolsitas pesan aproximadamente lo mismo que una persona?

Respuesta ....

3 Una tira mide 250 cm. ¿Cuántas tiras pegadas entran aproximadamente en el largo del patio?

Respuesta ....

4 Decidan si estas afirmaciones son verdaderas o falsas. Expliquen cómo lo pensaron.

a. Una mosca puede pesar $\frac{1}{2}$ kg.

....

b. Un elefante puede pesar 2.000 g.

....

c. Un vaso tiene capacidad para 1.000 cm^3.

....

d. Un edificio mide 100 m de alto.

....

Definiciones

- **Medir** significa comparar. Para medir hay que elegir una unidad y luego calcular cuántas veces entra esa unidad en el objeto que se quiere medir.

- En nuestro país se usa el Sistema Métrico Legal Argentino (SIMELA) que determina cuáles son las unidades que todos vamos a usar.

  - Para medir el tiempo se usa la **hora**.
  - Para medir longitudes se usa el **metro**.
  - Para medir pesos se usa el **gramo**.
  - Para medir capacidades se usa el **litro**.

Conclusiones

- Para medir tiempos, además de la hora se usan los minutos y los segundos.

$1 \text{ minuto} = \frac{1}{60} \text{ hora}$ $\quad$ $1 \text{ segundo} = \frac{1}{60} \text{ minuto}$

- Para medir longitudes, además del metro se usan el centímetro, el milímetro y el kilómetro.

$1 \text{ mm} = \frac{1}{1.000} \text{ m}$ $\quad$ $1 \text{ cm} = \frac{1}{100} \text{ m}$ $\quad$ $1 \text{ km} = 1.000 \text{ m}$

- Para medir el peso, además del gramo se usan el miligramo y el kilogramo.

$1 \text{ mg} = \frac{1}{1.000} \text{ g}$ $\quad$ $1 \text{ kg} = 1.000 \text{ gramos}$

- Para medir la capacidad, además del litro se usan el mililitro, el kilolitro y el centímetro cúbico.

$1 \text{ m}\ell = \frac{1}{1.000} \ell$ $\quad$ $1 \text{ k}\ell = 1.000 \text{ litros}$ $\quad$ $1.000 \text{ cm}^3 = 1 \ell$

ACTIVIDADES DE INTEGRACIÓN

1. Alan se levanta todos los días a las 6:40. Llega a la escuela a las 7:35. Permanece en la escuela 7 horas y luego tarda un cuarto de hora en volver a su casa.

a. A la mañana, ¿cuánto tiempo pasa desde que se levanta hasta que llega a la escuela?

b. ¿A qué hora llega nuevamente a su casa?

2. Ariel comienza su entrenamiento a las 20 horas. Corre 15 minutos alrededor de la cancha, juega un partido de 45 minutos, descansa $\frac{1}{4}$ hora y luego juega otro partido de 30 minutos. ¿A qué hora termina el entrenamiento?

3. ¿Quién mide más?

4. a. ¿Cuántos centímetros equivalen a 1 kilómetro?

b. ¿Cuántos kilómetros equivalen a 1 m?

c. ¿Cuántos centímetros equivalen a 1 m?

d. ¿Cuántos metros equivalen a 1 mm?

5. Escriban una cuenta que permita calcular lo pedido en cada caso.

a. ¿Cuántos kilómetros equivalen a 250 m?

b. ¿Cuántos metros equivalen a 250 cm?

c. ¿Cuántos centímetros equivalen a 250 mm?

6. Pedro viajó a la provincia de Chubut en 3 días. El primer día recorrió 153 kilómetros. El segundo día recorrió 45.120 metros y el tercero recorrió la mitad que en el segundo día. ¿A qué distancia de Chubut estaba Juan?

7. Una botella tiene 1,5 litros de agua y otra tiene 1.350 *ml*. ¿Qué botella tiene más líquido? ¿Cómo se dan cuenta?

8. Florencia tiene un bidón de 5 litros de agua.

a. ¿Cuántas botellas de 500 cm^3 puede llenar?

b. ¿Y si las botellas tuvieran 250 cm^3?

9. Escriban el peso de estas bolsas en gramos.

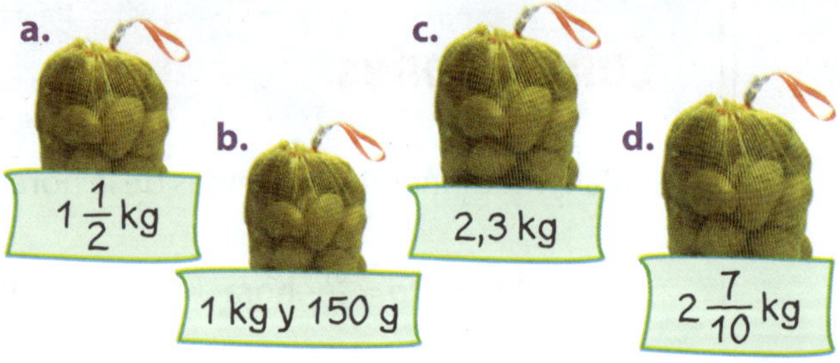

10. Sara tiene que comprar 2 y medio kilogramos de peras y consigue estas bolsas.

¿Puede armar lo que necesita juntando algunas de estas bolsas? Si la respuesta es afirmativa escriban las bolsas que debe comprar. Si no, escriban lo que debe comprar como mínimo para lograr lo que necesita y cuánto sobra.